成都来福士广场综合建造技术

任志平　主编

中国建筑工业出版社

图书在版编目（CIP）数据

成都来福士广场综合建造技术/任志平主编.—北京：
中国建筑工业出版社，2020.3
ISBN 978-7-112-24875-9

Ⅰ.①成…　Ⅱ.①任…　Ⅲ.①广场-城市规划-建筑
施工-成都　Ⅳ.①TU984.182

中国版本图书馆 CIP 数据核字（2020）第 027234 号

本书对成都来福士广场施工技术进行了全面总结，全书共分为 4 章，分别是
工程综述、特色饰面清水混凝土施工技术、多重复杂结构施工技术、复杂群体建
筑绿色施工技术集成。

本书可供从事大型商业综合体工程及清水混凝土工程技术人员和管理人员使
用及借鉴，也可供相关科研人员及高等院校相关专业师生参考使用。

责任编辑：李　阳　司　汉
责任校对：王　瑞

成都来福士广场综合建造技术

任志平　主编

*

中国建筑工业出版社出版、发行（北京海淀三里河路 9 号）

各地新华书店、建筑书店经销

北京鸿文瀚海文化传媒有限公司制版

北京建筑工业印刷厂印刷

*

开本：787×1092 毫米　1/16　印张：12　字数：301 千字

2020 年 5 月第一版　　2020 年 5 月第一次印刷

定价：**48.00** 元

ISBN 978-7-112-24875-9

（35413）

本书编委会

主　任：章维成

副主任：王江波　马卫华

主　编：任志平

副主编：张兴志　高育欣　孙建超

编　委：宋　芃　严开权　袁世俊　华建民　杜福祥　赵云鹏

　　　　陈　景　吴小春　周佳军　丁治敏　张永亮　陈名弟

　　　　张国平　张俊杰　龚怀东　章金洪　韩志波　韩国璐

　　　　武雄飞　谷青峰　徐芬莲　杨书海　朱平方　陈　国

　　　　刘　刚　杨　妮　李　杰　肖　理　罗贵军　贺　飞

前言

成都来福士广场矗立于历史悠久的四川博物馆旧址，位于成都地铁 1 号线、3 号线交汇处的城市核心区，是集办公、商业、酒店、电影院于一体的建筑综合体。工程建设单位为成都来福士实业有限公司；建筑由世界著名设计大师 Steven Holl 先生设计，中国建设科学研究院有限公司负责施工图设计；施工总承包单位为中建三局集团有限公司；监理单位为四川省中冶建设工程监理有限责任公司。

本工程由 5 栋塔楼（2 栋甲级写字楼、1 栋五星级酒店、1 栋服务式公寓、1 栋高端住宅）、4 层商业裙楼及 4 层地下室组成。工程占地面积约为 3.2 万 m^2，建筑面积约为 31 万 m^2，建筑总高度约 123m。该工程在建筑设计理念、结构设计方案等方面均有大量突破与创新，工程融合了众多新技术、新工艺，建筑理念新颖、结构设计复杂，由此带来了工程浅色饰面清水混凝土施工、多重复杂结构施工、绿色建筑及绿色施工等方面的显著特色。本书是编者在结合多年工程经验并针对项目特点，通过全体建设者的努力研究与实践的基础上，总结提炼编写而成。

本书共分为 4 章，主要针对特色饰面清水混凝土施工技术、多重复杂结构施工技术、复杂群体建筑绿色施工技术集成等关键内容进行了详细叙述。第 1 章是工程综述，简要介绍成都来福士广场的建筑设计、结构设计特点，同时对本工程的难点特点进行了描述；第 2 章是特色饰面清水混凝土施工技术，主要介绍了白色饰面清水混凝土的研制与应用、饰面清水混凝土无明缝、无孔眼模板体系研制与应用、超高层清水混凝土成品保护技术等方面的研究内容和施工工艺方法；第 3 章是多重复杂结构施工技术，主要介绍了基于时变结构力学的施工全过程分析方法、考虑与结构共同作用的支撑体系设计与施工、复杂结构大跨度转换桁架施工期受力性能分析及桁架自支撑施工技术、多向杆件交叉节点、型钢混凝土结构饰面清水混凝土施工技术等方面内容；第 4 章是复杂群体建筑绿色施工技术集成，主要从复杂建筑施工模拟技术、大体量特色饰面清水混凝土施工技术、绿色建筑技术及绿色施工技术的集成实施和 LEED 体系的施工实施等方面介绍了绿色施工技术的集成应用。

书中提及的施工技术能够顺利在成都来福士广场工程中实施，有赖于成都来福士实业有限公司、中国建筑科学研究院有限公司、四川省中冶建设工程监理有限责任公司、中建西部建设股份有限公司以及项目监管单位等项目参建各方的大力支持。同时，在本书的编制过程中，编委会的各位专家、顾问及出版社编辑对本书提出了宝贵的意见，在此表示衷心感谢！

由于清水混凝土在现场施工组织、实施等方面还有很多问题需要解决，同时，因编者水平所限，尚有不妥之处，望广大同仁提出宝贵意见。

目录

工程综述

  成都来福士广场矗立于历史悠久的四川博物馆旧址,处在成都地铁1号线、3号线交汇处的城市核心区,是集办公、商业、酒店、电影院于一体的建筑综合体。由5座塔楼(2座甲级写字楼、1座五星级酒店、1座服务式公寓、1座高端住宅)、4层商业裙楼及4层地下室组成。工程占地面积3.2万 m^2,建筑面积约31万 m^2,建筑总高度约123m。

  "三峡楼台淹日月,五溪衣服共云山"是诗圣杜甫当年咏怀古迹的名句,在多年之后赋予了世界著名设计大师 Steven Holl(斯蒂芬·霍尔)先生灵感,并以此绘制出了成都来福士广场蓝图。秉承"来福士"系列建筑"城中之城"的设计理念,工程地上部由5座塔楼合围中心裙楼,形成"都市院落"的鲜明特色。设计师根据日照条件对建筑形体进行切割,形成了能最大限度利用自然光的"光雕建筑",配合外立面大面积特色饰面清水混凝土、玻璃幕墙以及裙房屋面三处镜面水景、大台阶跌落水幕,勾画出了建筑独特的光影效果,也造就了造型新颖、气质高雅的超高层清水混凝土建筑。同时,融合了"杜甫草堂""四川省博物馆遗址馆"等地域元素,极具地域特色。

  成都来福士广场在建筑设计理念、结构设计方案等方面均有大量突破与创新,工程融合了众多新技术、新工艺,建筑理念新颖,结构设计复杂,由此带来了项目浅色饰面清水混凝土施工、多重复杂结构施工、绿色建筑及绿色施工等多方面的显著特色。图1-1为成都来福士广场效果图。

图1-1 成都来福士广场效果图

1.1 建筑设计简介

1. 建筑形体与光源切割

作为一个把对建筑的亲身感受和具体经验与知觉作为建筑设计源泉的设计师，在 Steven Holl 先生的建筑中有着雕塑般的体积感和着力刻画的材料感，"光"作为一种特殊的建筑材料是不可或缺的，成都来福士广场工程完美地诠释了这一理念。

建筑方案用"切开的泡沫块"（Sliced Porosity Block）的概念将其简化成公共空间和商业空间两部分：先沿基地红线拉伸出一个泡沫盒子，再根据人流动线、通风采光、配套功能将盒子进行切割，形成 5 座大厦，大厦间以桥相连，由 5 个出入口、建筑块体合围形成面积达 10000m² 的巨大开敞空间。为确保日照时间，在最大化公共开放空间尺度的同时，进行了光线与感官现象的研究，建筑块体经精确几何日照角度计算切割而成。本项目红线外的东侧为既有住宅区，项目的建设必须考虑对其日照的影响。根据日照要求，推算出本项目建筑的极限容积（图 1-2）。超出的部分均会对住宅区的日照造成较大的影响，需要进行进一步"切割"处理，经过几轮推敲，最终形成建筑空间体型（图 1-3）。"切开的泡沫块"光源切割的概念设计使得工程造型新颖独特，形成了存在大量大悬挑、大开洞和不规则倾斜状的"光雕建筑"。

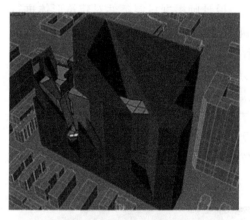

图 1-2 根据日照推算的建筑极限容积

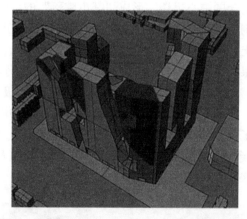

图 1-3 保证日照需求下需要进一步切除的建筑体型

2. 都市院落

成都来福士广场完美地融合了建筑的商业需求与公共空间的社会需求。内部广场以三峡风光为设计灵感，通过裙房屋面三处镜面水景及大台阶跌落水幕的结合，使得整个建筑和自然环境相和谐，形成了"都市中巨大的建筑院落"（图 1-4），成为成都市一处被广为称颂的城市景观。图 1-5 为来福士内庭光影效果。

以合围院落的概念还空间于市民，牺牲大量的商业面积转而修建大面积无阻隔的公共休闲区域，尊重本土生活方式，满足当地人"晒太阳"的幸福期待；独特的"三峡"景观设计，凝聚巴蜀文化精髓，令建筑富有浓厚的人文内涵和历史气息。

图 1-4 塔楼合围形成"都市院落"

图 1-5 内庭光影效果

3. 清水混凝土

设计师要求组成本工程 5 座塔楼内外主立面的柱、斜柱、梁等构件全部采用饰面清水混凝土并一次浇筑成型,不再做单独装饰,且混凝土本身颜色需要达到潘通色卡 Cool Gray 1C 效果(图 1-6)。工程总计清水混凝土饰面面积达到 5.3 万 m²,最大高度超过 120m,最高强度为 C60。如此大体量、超高层以及高品质颜色要求的清水混凝土在国内外均属罕见。

Warm Gray 1C	Warm Gray 2C	Warm Gray 3C	Warm Gray 4C	Warm Gray 5C		Warm Gray:暖灰
Warm Gray 6C	Warm Gray 7C	Warm Gray 8C	Warm Gray 9C	Warm Gray 10C	Warm Gray 11C	
Cool Gray 1C	Cool Gray 2C	Cool Gray 3C	Cool Gray 4C	Cool Gray 5C		Cool Gray:冷灰
Cool Gray 6C	Cool Gray 7C	Cool Gray 8C	Cool Gray 9C	Cool Gray 10C	Cool Gray 11C	

图 1-6 白色饰面清水混凝土外观颜色要求

在清水混凝土的饰面效果要求上,设计师为保证建筑整体造型及形态需要,并最大限度地展示材料本身的质感,设计了表面光滑、天然去雕饰的外立面,提出了清水混凝土不设置明缝、孔眼的细部设计要求。图 1-7 为传统清水混凝土。

图 1-7 传统清水混凝土

4. 超级绿色建筑

建筑践行绿色低碳理念，通过对材质的试验及开发利用，建筑外立面、内立面采用了特色饰面清水混凝土，用极富艺术的"光雕建筑"和高色泽要求的饰面清水混凝土塑造了建筑灵魂的升华，同时又达到了节能、舒适的目的。

项目的机电系统运用了地源热泵、"水蓄冷"大温差变流量供冷、地板送风空调、排风热回收系统、烟气余热回收的真空热水锅炉、自然冷却免费供冷、中水/空调冷凝水回用、雨水收集、低损耗节能型变压器、高效率 LED 灯具、智能照明与疏散指示、废气的净化控制、隔声降噪等先进技术。

能源管理系统包含大温差高效率离心式冷水机组，其复合了水蓄冷、土壤源热泵的制冷空调系统，过渡季节与冬季可实现"水侧"免费制冷；多台并联运行的高效率燃气真空热水锅炉，可提供不间断全年用生活热水，并在冬季平稳地供应空调采暖热水。

地下车库采用"诱导式通风"系统，特别设计了双速风机（1.25 次/h）和单速风机（2 次/h）并联运行系统，并利用了分散设置的 CO 浓度传感器，集中控制"诱导通风"系统的启闭运行。以能源管理系统的"大温差水蓄冷模式"为例，相对传统设计，其经济效益可观，物业核算出的制冷电费节约为 160 万元/年，实现了高效、节能的运行能力。

工程设计并应用雨水、中水循环利用技术、地源热泵技术、地板送风技术等前沿绿色建筑技术成果，是西南地区第一个申报并顺利获得美国 LEED 绿色建筑金奖认证的商业综合体项目。

1.2 结构设计简介

1. "光雕建筑"结构体系的设计创新

该项目建筑方案设计方案以三峡风光为设计灵感，为保证整个建筑的"通透性"，建筑师 Steven Holl 先生根据光源照射，对各个塔楼进行了专门的"切割"（塔楼的建筑体型是根据日照分析反推而成），用极富艺术的"光雕建筑"和高色泽要求的浅色饰面清水混凝土塑造了建筑灵魂的升华，也由此形成了 5 座塔楼外形新颖独特，立面多呈外斜、悬挑、大开洞等不规则的形状。独特的建筑造型给结构设计带来了极大的挑战，其复杂性贯穿于设计全过程。

塔楼主体结构形式创新性地采用钢筋混凝土带斜撑的密柱框架-剪力墙结构。各塔楼建筑纵向主外立面，以及相对应的纵向内立面均设计为钢筋混凝土密柱，通过对特殊部位进行研究分析，确立了在结构关键部位设置斜撑的构想，将大悬挑、大开洞等特殊部位的竖向荷载通过斜撑传递到主体结构上，斜撑均采用型钢混凝土构件。这就在外圈形成了带斜撑的密排柱框架体系。建筑内部利用楼梯间、电梯间等设置混凝土筒体，以及部分内部剪力墙和框架柱。因此，塔楼结构竖向荷载主要由内部混凝土筒体、外圈带斜撑的密排柱框架结构以及部分内部剪力墙和框架柱承担。楼板采用现浇钢筋混凝土梁板体系，依靠其良好的刚性，将水平荷载（风或者地震力）传递到混凝土筒体、带斜撑密柱框架上。图1-8 为各塔楼结构分析模型图。

2. 多重复杂结构体系设计与抗震性能化设计

工程新颖独特的造型形成了多重复杂结构，包括：高位突出悬挑（图1-9）、倾斜外挑

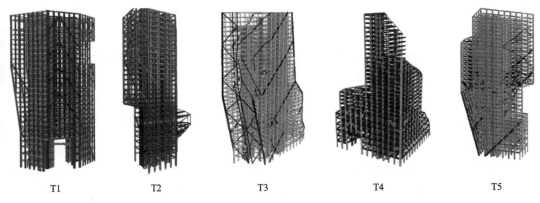

| T1 | T2 | T3 | T4 | T5 |

图 1-8 塔楼结构分析模型图

(图 1-10)、竖向构件不连续、立面开大洞、高位大尺度体型收进、突出块体、空中连桥等，结构存在多项超限或抗震不利特征。为了实现建筑造型，并保证结构具有足够的抗震安全储备，设计过程中采用了基于性能的抗震设计思想，针对结构各部位重要性不同，通过提高性能目标、详细的弹性、弹塑性计算分析以及构件、节点的分析、振动台试验研究、风洞试验研究、施工过程的模拟分析、施工全过程的监测等，保证结构的可实施性及安全性。主体结构采用钢筋混凝土带斜撑的密柱框架剪力墙结构，同时对特殊部位，采用钢结构、型钢混凝土结构等，对不同材料、构件以及体系进行不同方式的组合，获得一系列性能优越的构件及结构体系，充分发挥了钢与混凝土各自的优势，实现了抗震性能化设计与施工可实现性的设计目标。

图 1-9 高位突出悬挑

图 1-10 倾斜外挑

　　根据本工程结构的抗震性能目标，从承载力和延性两方面考虑，各塔楼多处采用了型钢混凝土组合结构，主要包括底部剪力墙暗柱、底部柱、斜柱、斜柱拉梁、转换和大跨悬挑结构、重要斜撑（与转换和悬挑有关）。提高了整体安全标准及耗能水平，确保整体延性发挥。

　　在分析模型方面，工程的整体结构分析模型主要以 SATWE、PMSAP 为主，同时采用 ETABS、MIDAS 为辅作为比较校核；特殊部位采用 ETABS 或 SAP2000 软件进行更为详细的补充分析计算；局部节点分析采用 ANSYS；弹塑性分析采用 ABAQUS。计算分析包括小震弹性分析、中震竖向构件和转换桁架弹性分析、大震弹塑性时程分析特殊部位的竖向地震分析、舒适度分析及模拟施工分析等。

经过与弹塑性时程分析结果对照，通过控制核心筒连梁、楼层普通框架梁在中震、大震作用下逐渐进入塑性，同时确保剪力墙、柱、斜柱、斜柱拉梁、转换和大跨悬挑结构、重要斜撑（与转换和悬挑有关）等重要构件在中震、大震下的相应性能，实现了各独立塔楼整体结构具备多道设防和耗能机制的设计原则，实现大震不倒的性能目标。

3. 多重复杂结构体系的优化

在保证结构安全可靠的前提下，优化结构体系和构件，成为又一个挑战。最突出的两个方面是如何实现竖向荷载的传递和抗侧刚度的均匀性。结构设计通过结构概念设计及程序分析，经过假设-分析-校核-重新设计等一系列过程，在以下几方面进行了结构优化：

（1）平面布置上，减少不规则项。立面斜撑与内部竖向构件布置的调整相结合，缩小质心和刚心的差异，减少了平面不规则项，减小扭转效应。

（2）重视不同方向的结构抗侧刚度的均匀性。带斜撑的密柱框架外立面（清水混凝土）刚度很大，而各塔楼相对短向的外立面是普通框架（玻璃幕墙），因此纵横两方向刚度差异很大，而结构实际经受的地震等水平荷载方向具有不定性，过大的刚度差异不利于整体协同工作。通过仅保留必要的斜撑、改变斜撑设置位置等手段，与建筑师进行良好有效的沟通，减小了纵横向刚度的差异。

（3）外立面清水混凝土裂缝控制。由于斜撑设置在清水混凝土外立面，因此需尽量控制斜撑受力为压弯，避免清水立面裂缝的产生。结构布置时将部分斜撑方向旋转 90°，使其在竖向荷载作用下处于受压状态，斜撑由拉弯受力状态转为压弯受力状态，可以充分利用混凝土的受压能力远高于受拉能力的材料特性，减小清水立面裂缝的产生。图 1-11 为T5 南立面优化前后的立面图。

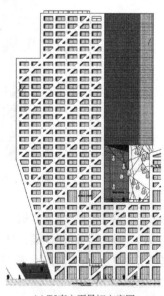 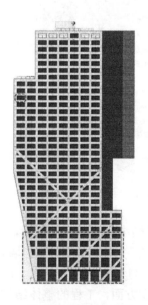

(a) T5南立面最初方案图　　　　　　　　(b) 优化后的T5南立面图

图 1-11　T5 南立面优化前后的立面图

1.3 工程难特点

独特的建筑理念与结构设计,给本工程的施工带来了鲜明的特色与突出的难度:

(1) 从外立面浅色混凝土配合比设计、施工应用,到"无明缝,无孔眼"的细部设计实现,再到超高层饰面清水混凝土成品保护,整个特色饰面清水混凝土施工的全过程在国内外均无经验借鉴。

(2) "光雕建筑"的光源切割方案形成了5座塔楼立面呈倾斜、悬挑、大开洞等不规则的形状,结构设计采用了大跨度转化钢桁架外包清水混凝土、钢筋混凝土组合桁架、斜向支撑等多种形式解决结构受力问题,但多重组合的复杂结构结合外立面饰面清水混凝土的要求(图1-12),给施工带来了极大困难。

图 1-12　复杂结构组合示意图

(3) "中震弹性,大震不屈服"的抗震性能化设计使得本工程构件钢筋数量多、直径大,形成了大量"米"字形、"K"字形多构件交错的复杂节点,在这些节点区域钢筋、型钢相互穿插,纵横交错,加之本工程清水混凝土的特殊要求,无类似工程经验可借鉴。

(4) 工程设计并大量应用前沿绿色建筑技术成果,作为西南地区第一个申报美国LEED绿色建筑金奖认证的商业综合体项目,在施工过程中采用大量绿色施工技术,以及实现绿色建筑技术相应的施工方法,给项目施工提出了新的挑战。

2

特色饰面清水混凝土施工技术

2.1 白色饰面清水混凝土的研制与应用

2.1.1 概况

1. 研究背景

（1）工程设计要求

成都来福士广场项目地下室龙门区域大面积剪力墙、局部墙柱以及塔楼正立面柱、斜柱、梁等构件要求全部采用白色饰面清水混凝土，且饰面清水混凝土构件即为本工程主要结构受力构件，最高强度达 C60，总计清水混凝土饰面面积达到 5.3 万 m^2，其清水混凝土体量以及颜色要求在国内外均属罕见。为满足工程需要，有必要针对白色饰面清水混凝土开展系统地研制工作。

（2）白色饰面清水混凝土的特点与应用概况

白色饰面清水混凝土以其与众不同的颜色，近年来得到国内外建筑师的钟爱。在欧洲，由于水泥生产原材料以及工艺的不同，白水泥较为常见，其白色饰面清水混凝土往往是以白水泥为主要胶凝材料，使用白色或浅色矿石为骨料制备混凝土，按照清水混凝土施工工艺浇筑，硬化成型白色混凝土。图 2-1 为法国某火车站白色饰面清水混凝土建筑，图 2-2 为美国某机场白色饰面清水混凝土建筑。在意大利，人们使用意大利水泥集团的白色硅酸盐水泥，修建了一座公共教堂（图 2-3），该建筑以独特的造型，结合白色饰面清水混凝土的独特质感，营造出新的建筑美学概念。

图 2-1 法国某火车站

图 2-2 美国某机场

图 2-3 意大利某公共教堂

虽然欧美对白色饰面清水混凝土的使用较广泛，但是多采用白色饰面清水混凝土预制挂板，现浇结构很少。而在国内，由于石灰石矿山中的铁含量一般较高，生产出的水泥多为灰色，少量产出的白水泥使用了特殊的原材料和特殊的生产工艺，难以形成量产，加之C_3A含量较高，白水泥一般用作装饰水泥，限制了其在普通混凝土结构中的应用。

（3）研究难点

除表观颜色的特殊要求外，成都来福士广场建筑结构极其复杂，兼有斜向悬挑、高位悬挑、转换桁架、立面开洞、组合构件、复杂节点等特点，对饰面清水混凝土的浇筑工艺、养护和成品保护工艺等带来巨大的挑战。这种复杂结构工程饰面清水混凝土的研究难点主要体现在以下几个方面：

1）结构复杂混凝土施工要求高

工程各塔楼外立面设置了大量斜撑杆件，这些斜撑杆件与清水混凝土梁、柱相交，形成了众多"米"字形、"K"字形复杂节点。同时，"中震弹性，大震不屈服"的抗震性能化设计也使得各节点钢筋数量多、直径大，在节点区钢筋、型钢相互穿插、纵横交错，极为密集。图 2-4 为标准层多向杆件交叉节点，部分纵筋间距不足 30mm，且工字钢两侧与模板内壁形成近真空带。对混凝土流动性、填充能力、穿越能力提出极高要求。同时，斜柱所处位置在立柱之间，斜柱下料开口小，浇筑难度大、用时较长，要求新拌混凝土工作性能长期保持稳定、高水平。自密实白色饰面清水混凝土浇筑部位如图 2-5 所示。

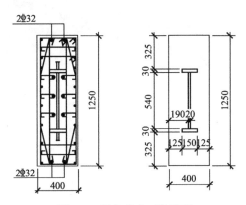

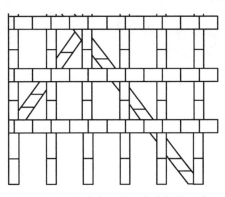

图 2-4 复杂节点三维示意　　　　　图 2-5 白色清水混凝土浇筑部位示意

2）耐久性要求高

如何通过科学的材料选择、配合比优化设计、精心的生产施工过程控制和成品保护，切实有效地满足本工程提出的耐久性能要求，保证清水混凝土的"长寿命"。

3）表观颜色要求高

在国内尚无"白色"要求的清水混凝土施工经验可循的情况下，如何在两年的施工周期内，如何保证白色饰面清水混凝土颜色的一致性，是本工程白色饰面清水混凝土供应的一大难点。

4）高强清水混凝土的裂缝控制要求高

本工程 10 层以下混凝土的强度为 C60，10～20 层以下混凝土的强度为 C50，由于清水混凝土强度等级高，混凝土的自收缩裂缝控制是一大难点。

2. 研究目标与研究思路

（1）研究目标

成都来福士广场中应用的饰面清水混凝土，主要特点为白色饰面清水混凝土，由于条件的限制，部分区域须使用自密实工艺浇筑白色饰面清水混凝土。为满足该工程对混凝土的要求，须研制白色饰面清水混凝土及特定的自密实白色饰面清水混凝土，使其各种性能指标能满足实际工程的应用需要。

（2）研究思路

通过调研，确定了自密实白色饰面清水混凝土的三个研究思路。

1）研究思路一：使用白水泥研制白色饰面清水混凝土；

2）研究思路二：使用钛白粉研制白色饰面清水混凝土；

3）研究思路三：使用"普通硅酸盐水泥＋大掺量矿物掺合料（含硅粉）＋外加剂＋骨料"研制颜色较浅的饰面清水混凝土，利用氟碳保护剂微调表观颜色，实现建筑设计要求的白色饰面清水混凝土，并在此基础上研制自密实白色饰面清水混凝土。

研究思路确定之后，自2007～2009年，研究人员按照这三种思路开展试验工作，并进行比选，如图2-6所示。现将按照这三种研究思路的详细研制过程分述于后。

2年时间-300多组试验-100余项配合比-60多人参与研究-精心制作小样块150余个-试验搅拌混凝土100余m³-制作大样板5个

图2-6 白色饰面清水混凝土研发历程

2.1.2 利用白水泥研制白色饰面清水混凝土

1. 试验原材料

配制白色饰面清水混凝土的原材料主要有白水泥（图2-7）、矿物掺合料（图2-8）、骨料、减水剂等，其中白水泥是白色饰面清水混凝土的关键组成。

（1）白水泥：从质量稳定性角度考虑，如要制备高性能白水泥混凝土，宜选择年产量超过10万t的干法旋窑生产线生产的白水泥。我国国内的河北、上海、湖南、四川也有白

图 2-7 白水泥   图 2-8 拉法基矿粉

水泥生产厂商，所生产的白水泥以装饰用 PW32.5 为主。拉法基水泥集团、阿尔博水泥集团等均可生产白水泥，其中阿尔博水泥集团的白水泥产量占全球的 20%，是最大的白水泥生产商。本试验选用安徽阿尔博牌 PW42.5 白水泥。

（2）矿物掺合料：矿物掺合料是混凝土高性能化的必需组分，粉煤灰、矿渣粉、硅粉都可在白色饰面清水混凝土中使用；重钙粉、石英粉、偏高岭土等白色材料也可在白色饰面清水混凝土中大量使用；沸石粉、锂渣粉等具有改善混凝土材料性能的掺合料也能适量添加。需要注意的是，掺合料的掺入一般会降低混凝土的白度。

（3）骨料：可采用白色的石英砂石骨料，也可使用普通的石灰石、花岗岩骨料，从白色饰面清水混凝土的颜色考虑，颜色越浅越好，本试验选用普通碎石与机制砂。

（4）减水剂：选用与白水泥适用性好的改性聚醚类聚羧酸减水剂，20% 浓度。

2. 配合比设计

为研制 C60 高性能白色饰面清水混凝土，本试验使用目前配制高性能混凝土常用的"水泥＋矿物掺合料"的技术路线，通过改变矿物掺合料的种类及用量，选择不同的水胶比及胶凝材料用量，调整外加剂的用量，设计出不同的 C60 高性能白色饰面清水混凝土配合比，表 2-1 为大量试验中 5 组有代表的配合比。

C60 白色饰面清水混凝土设计配合比（单位：kg/m³）   表 2-1

编号	水胶比	胶凝材料总量	白水泥	粉煤灰	硅粉	矿粉	机制砂	碎石	水	减水剂
1 号	0.28	570	400	50	0	120	725	1000	160	5.7
2 号	0.28	500	320	60	0	120	815	1000	140	6.0
3 号	0.33	460	320	60	0	80	830	1000	150	5.4
4 号	0.29	460	320	60	0	80	830	1000	135	5.8
5 号	0.32	463	265	0	23	175	840	1000	150	7.4

3. 试验结果与分析

（1）工作性能

1）白色混凝土的工作性能特点

由于白水泥中 C_3S+C_3A 的含量比普通水泥高 15% 以上，使得白水泥具有更快的早期水化反应速度，因此，如何控制白色清水混凝土的工作性能损失是一大难题。在选择减水剂时，必须要求其有更多的可有效抑制 C_3A、C_3S 水化、延缓水泥整体水化反应速度的组分。

2）减水剂对白色饰面清水混凝土工作性能的影响

以 1 号 C60 白色饰面清水混凝土配合比为研究对象，选用几种不同的减水剂进行试验研究，以保证混凝土的坍落度/扩展度在 2h 内不损失。试验选用了 4 种减水剂，PC-1、PC-2、PC-3 为厂家 A 提供的聚羧酸减水剂，复配不同掺量的缓凝剂以抑制白水泥早期水化，控制工作性能损失，缓凝剂掺量 PC-1＜PC-2＜PC-3；ton 为厂家 B 提供的聚羧酸高性能减水剂。试验配合比及性能检测结果见表 2-2。

试验结果表明，在减水剂中复配一定量的缓凝剂对延缓混凝土的工作度损失有一定的贡献。随着缓凝剂掺量的提高，工作性能的保持能力也逐渐提高。但过量的缓凝剂的增加延长了混凝土的初凝时间，比如，以 PC-3 制备的混凝土初凝时间达到了 30h。过长的凝结时间不仅不利于施工的过程质量控制，还可能对混凝土的表观质量产生影响。

混凝土性能检测结果 表 2-2

减水剂编号	坍落度/扩展度（mm）		初凝时间（h）
	0h	2h	
PC-1	245/560	40/—	16
PC-2	250/580	135/—	20
PC-3	245/630	245/595	30
ton	240/675	245/625	13

ton 是一种以改性聚醚类的母液为主要成分的聚羧酸减水剂，当掺量为胶凝材料总量的 1% 时，可在初期较好延缓水泥矿物的水化反应速度，控制工作度损失，2h 后混凝土即具有良好的工作性能，而混凝土的初凝时间没有受到影响，适合在白色饰面清水混凝土中使用。

3）掺合料对白色饰面清水混凝土工作性能的影响

经过大量的试验发现：①粉煤灰可有效提高混凝土的和易性、流动性。②矿粉对混凝土的影响比较复杂，一般与细度有关，比表面积不小于 $6000cm^2/g$ 的矿粉可增加混凝土黏度，减少泌水；而比表面积小于 $6000cm^2/g$ 的矿粉则可能导致清水混凝土的离析、泌水，一般需要双掺粉煤灰等保水性能优良的材料改善性能。③硅粉可有效地提高白色饰面清水混凝土的粘聚性与匀质性，改善白色饰面清水混凝土的颜色，提高白度。

（2）力学性能

1）抗压强度

表 2-3 为 1 号~5 号试验配合比抗压强度试验结果。

1 号~5 号试验配合比抗压强度试验结果 表 2-3

编号	抗压强度（MPa）		
	3d	7d	28d
1 号	49.4	61.2	75.3
2 号	41.6	54.9	67.8

编号	抗压强度（MPa）		
	3d	7d	28d
3 号	41.3	51.3	63.2
4 号	46.6	50.9	69.2
5 号	32.3	46.4	66.5

试验结果结合表 2-1 表明：①胶凝材料用量对白色饰面清水混凝土抗压强度影响较大，1 号与 2 号同为 0.28 水胶比，但 1 号的抗压强度明显更高，可达到 C60 混凝土要求。②5 号配合比矿物掺合料比例较高，导致混凝土早期抗压强度较低，但 28d 抗压强度高于同胶凝材料用量的 3 号配合比，可能是由于硅粉具有一定的增强作用。③4 号配合比用水量较低，28d 抗压强度高于同胶凝材料用量的 3 号、5 号配合比。

与普通混凝土相类似，胶凝材料用量和水胶比仍然是决定白色饰面清水混凝土抗压强度的关键因素。

2）劈裂抗拉强度、轴心抗压强度、静力受压弹模

由于缺乏白水泥实体工程应用经验，需要对其综合力学及耐久性能进行评判，课题组对白水泥饰面清水混凝土的力学性能进行了较细致的研究，对 1 号、5 号白色饰面清水混凝土的劈裂抗拉强度、轴心抗压强度、静力受压弹模进行了试验，并与 C60 普通混凝土进行了对比，其中 C60 普通混凝土配合比同 5 号配合比，只是用 P·O42.5 水泥替代 P·W42.5 水泥。试验结果见表 2-4。

劈裂抗拉强度、轴心抗压强度、静力受压弹模试验结果　　　　　表 2-4

编号	28d 劈拉强度（MPa）	28d 静力受压弹模（GPa）	28d 轴心抗压强度（MPa）
1 号	5.53	52.4	76.8
5 号	5.64	36.5	59.0
普通 C60	5.52	36.0	58.5

试验结果表明，三个配合比混凝土的 28d 劈裂抗拉强度相当，白色饰面清水混凝土的 28d 静力受压弹模和轴心抗压强度随着水胶比的降低、胶凝材料总量的增加而提高。在同配比的情况下，与普通硅酸盐水泥制备的混凝土相比，白水泥制备的混凝土的 28d 劈裂抗拉强度、静力受压弹模和轴心抗压强度与其相当。

综合来看，白水泥清水混凝土的力学性能与普通混凝土的力学性能规律基本类似。

（3）耐久性能

白色饰面清水混凝土没有装饰层的保护，将直接暴露在环境中，对其耐久性能提出了更高的要求，本试验研究了白色饰面清水混凝土的抗氯离子渗透、抗碳化性能、水化热温升及收缩性能。

1）氯离子渗透性能

根据《混凝土结构耐久性设计与施工指南》CCES 01—2004 附录 B2 介绍的快速试验方法，测试氯离子扩散系数 D_{NEL}，同时测试了 1 号配合比的两组试件，氯离子扩散系数分别为 $2.176 \times 10^{-6} m^2/s$ 与 $2.177 \times 10^{-6} m^2/s$。根据耐久性能评价标准，即使在环境

作用等级为F时，其使用年限可达到100年以上，表明该混凝土具有优异的抗氯离子渗透性能。

2）抗碳化性能

对1号配合比混凝土的碳化性能进行检测，该配比混凝土28d碳化深度为1.9mm，见表2-5。前期3d、7d、14d碳化仅为表层碳化，碳化深度几乎为0mm。试验结果表明，该白色饰面清水混凝土具有良好的抗碳化性能。

C60白色饰面清水混凝土28d碳化深度（单位：mm） 表2-5

试件编号	试件1	试件2	试件3	平均值
碳化深度	2.5	1.7	1.4	1.9

与同强度等级的C60普通混凝土（28d碳化深度基本为0～1mm）相比，白色饰面清水混凝土表现出较快的碳化速度，这与白水泥水化产物氢氧化钙含量较少，而本配合比又使用了大量的矿渣粉，参与二次水化加大了氢氧化钙的消耗，降低了混凝土的碱度，从而表现出比普通混凝土更快的碳化速度。

3）水化热温升

为了进一步验证白水泥混凝土在大体积构件中的水化热温升情况，试验模拟块体大体积混凝土，按照图2-9的形状与尺寸模拟构件。模具内部长、宽、高均为1m的立方体，符合《普通混凝土配合比设计规程》JGJ 55—2011中规定大体积混凝土构件截面最小尺寸≥1m的要求。

通过模具上下表面对角线交点，垂直固定一根直径10mm的硬钢筋。沿混凝土构件上表面到下表面方向，0.15m、0.5m、0.85m处，分别预埋一个热电耦测头，用细钢丝捆绑在钢筋上。采集数据端引到模具外，按深度依次编号为1号、2号、3号数据端。使用数显式温度显示器读数。

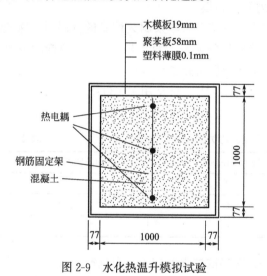

图2-9 水化热温升模拟试验

模具最外层木质模板，厚度19mm；中层保温泡沫板，厚度58mm；内层塑料薄膜，厚度0.1mm。保温层厚度相当于3.6m左右混凝土虚厚度。这样折算，本次试验混凝土厚度相当于4.6m。

混凝土取搅拌楼生产大样，配合比为1号，由罐车转运卸料入模。试验用振动棒振捣，混凝土上表面先覆盖塑料，然后覆盖聚苯板。

混凝土浇筑完5.7h开始测温。测温前3天，每2h内测温一次。而后测温频次相对减少。测温结束时，内部中心点温度降为34℃。白水泥混凝土绝热温升结果见表2-6。

通过试验采集的温度数据绘制成的温度变化曲线，如图2-10所示。

白水泥混凝土绝热温升结果   表 2-6

测点深度 （m）	混凝土入模温度 （℃）	快速升温时间 （h）	达到温升 Max 值时间 （h）	中心点最高温度 （℃）	最大温升值 （℃）
0.15	20.0	31.3	37	63.9	43.9
中心点	20.2	31.3	37	63.8	43.6
0.85	20.4	31.3	37	62.2	42.8

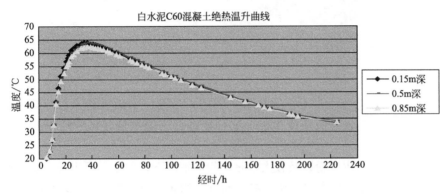

图 2-10 白水泥混凝土绝热温升趋势图

① 从图 2-10 可以看出，混凝土内部温度沿纵向变化步调基本一致。三个测点虽然所处深度依次递增，但彼此差值很小。说明，该配合比白水泥混凝土内部温度梯度极小，不存在内部温度应力过大，导致混凝土内部开裂的风险。

② 试验可以看出，只要保温措施到位，混凝土中心内部温度到混凝土表面的温度是很容易控制在《块体基础大体积混凝土施工技术规程》YBJ 224-1991 中的规定，混凝土内外温差不超过 25℃ 的要求。

③ 通过试验可以看出，在保温条件具备的情况下，高强白色饰面清水混凝土用在大体积混凝土工程中也是很安全的。

4）收缩性能

本试验所研究的白色饰面清水混凝土不仅仅是用作建筑物的装饰部位，同时还将用于建筑结构的受力部位。由于清水混凝土建筑以混凝土的表层作为建筑的表层，混凝土将直接暴露在环境中，同时该混凝土的强度等级较高，为保证饰面清水混凝土的表观效果，对其自收缩性能提出较高的要求，因此，试验重点研究 C60 白色饰面清水混凝土自收缩性能。自收缩试验（图 2-11）采用中国建筑科学研究院研制的非接触式收缩测试仪，与原国标相比，增加了初凝到 3d 龄期的收缩测试。

自收缩的试件处于室温 20±2℃、完全密封与外界无湿度交换的环境中，从而保证所测的总收缩中不再包含干燥收缩这一部分。主要目的在于对比试验验证，考察不同配合比的收缩状况。

试验研究了 1 号、4 号、5 号配合比配制的 C60 白色饰面清水混凝土的自收缩性能，经过自收缩测试，得出一段时间内的自收缩数据，如图 2-12 所示。

图 2-11 收缩测试

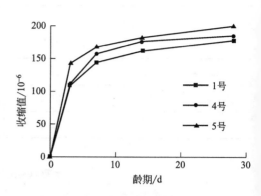

图 2-12 白色饰面清水混凝土收缩曲线

从图 2-12 中可以看出：

① 用水量降低，会加大混凝土的收缩。1 号与 4 号配合比在相近水胶比情况下，随着用水量的降低，早龄期收缩大幅度增加，这可能是由于用水量较低导致混凝土的自收缩较大。

② 5 号配合比在使用硅粉以及较大掺量矿粉的情况下，即使水泥用量较少，混凝土早龄期收缩发展也较迅猛，这主要是由于矿粉与硅粉均属于超细粉体，会增大混凝土收缩。

③ 1 号配合比混凝土收缩较小，粉煤灰起到了抑制收缩的作用，同时，较合适的单方用水量降低了早期的收缩，从而使整体的收缩较小。

试验表明，混凝土的单方用水量过低，会加大混凝土的收缩。而超细粉尤其是硅粉会加大混凝土的早期收缩，增大开裂概率。1 号配合比 28d 自收缩为 178×10^{-6}，在三个配合比中相对最小，达到了高性能混凝土的要求，可作为白色饰面清水混凝土生产配合比。

图 2-13 白色饰面清水混凝土小样板

（4）表观效果

为观察白色饰面清水混凝土成型后的表观效果，制作 $65mm \times 400mm \times 400mm$ 的试模，成型白色饰面清水混凝土的小样板（图 2-13）。拆模后，经观测，混凝土表面颜色达到潘通色卡 Cool Gray 1C 要求，且均匀一致，5m 内无明显色差，气泡细小且分散均匀，达到清水混凝土表观效果要求。

（5）中试试验

为了进一步验证白色饰面清水混凝土生产施工的可行性，课题组分别进行了试验机生产混凝土制作样板墙、生产线实际生产、清水混凝土结构的现场泵送施工。通过采用 1 号配合比进行样板墙的施工，对白色饰面清水混凝土的整体施工效果做出较直观的判断，并对具体施工技术，包括振捣方式、振动时间等进行进一步的摸索和熟悉，确定最终的施工要领，指导白色饰面清水混凝土在实际工程中的施工应用。

在 2007 年，使用试验用 60L 搅拌机，在某工程现场制作了白色饰面清水混凝土样板墙，样板墙高 2m，表面使用了不同的模板，制备出不同的表面效果，如图 2-14 所示。

(a) 白色饰面清水混凝土拌合物

(b) 白色饰面清水混凝土小样板

图 2-14　制作白色饰面清水混凝土样板墙

2008 年 12 月，在混凝土供应站生产了 50m³ C60 白色饰面清水混凝土，采用泵送施工方式（图 2-15），在某施工现场制作了井字形梁柱样板。采用普通工艺施工浇捣，拆模后的白色饰面清水混凝土样板墙内实外光，色泽观感良好（图 2-16），达到潘通色卡 Cool Gray 1C 要求。经取样检测，混凝土的工作性能满足施工要求，力学性能、耐久性能均满足 C60 强度等级要求。同样的施工重复了 3 次，混凝土结构在较强刚性约束下没有出现肉眼可见裂缝。至 2011 年 9 月，再次到施工现场回访，历经两年多，白色饰面清水混凝土表面未出现肉眼可见裂缝，色泽观感仍然良好。

图 2-15　混凝土入泵

图 2-16　混凝土结构表观质量

4. 小结

（1）使用白水泥、浅色矿物掺合料及普通骨料，选择适应性好的聚羧酸减水剂，可以配制出性能优良的 C60 白色饰面清水混凝土，该混凝土的表观颜色达到潘通色卡 Cool Gray 1C 要求，工作性能、力学性能、耐久性能均符合工程要求。

（2）白水泥中 C_3S+C_3A 的含量比普通水泥高 15％以上，使得白水泥具有更快的早期水化反应速度，因此，白色清水混凝土的工作性能损失控制难度比普通混凝土的大；白水泥饰面清水混凝土的力学性能与普通混凝土的力学性能发展规律基本类似；耐久性能方面，白水泥饰面清水混凝土的抗氯离子渗透、水化热温升及收缩性能都较好，但与 C60 普通混凝土（28d 碳化深度基本为 0～1mm）相比，C60 白色饰面清水混凝土 28d 碳化深度达到 1.9mm，表现出较快的碳化速度。

（3）使用白水泥、浅色矿物掺合料及普通骨料，制作的白色饰面清水混凝土井字形梁柱样板，拆模后墙内实外光，色泽观感良好，符合潘通色卡 Cool Gray 1C 要求。经取样检测，混凝土的工作性能满足施工要求，力学性能、耐久性能均满足 C60 强度等级要求。历经两年多，白色饰面清水混凝土表面未出现肉眼可见裂缝，色泽观感仍然良好。

（4）试验所选用的白水泥厂家规模、产品品质均可以满足工程设计要求，但是该厂家地理位置距离成都较远，售价及运输费用明显高于四川本地的普通水泥，远距离也造成组织难度较大、整体综合成本较高等困难。

2.1.3 利用钛白粉研制白色饰面清水混凝土

1. 原材料的选择

（1）骨料：本试验选用以白色石灰石和白色石灰石人工砂为配制白色高强清水混凝土的骨料。图 2-17 为本试验研究所用的白色石子和白色砂子。其针片状含量为 3.7％，石粉含量为 0.8％，压碎性指标为 5.4％。

 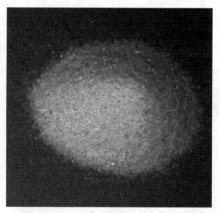

(a) 白石子 (b) 白沙子

图 2-17 骨料

（2）白色颜料（钛白粉）：在混凝土中掺入一定数量的白色颜料，可以提高混凝土的白度与亮度，但所掺加的颜料对混凝土的某些重要性能不应产生不良影响。国外试验证明，石英砂对水的折射率小，因此不适宜作白色颜料，最适用的颜料为二氧化钛与硫化锌，当其掺量达 10％左右时，不会破坏混凝土的抗压、抗弯及抗拉强度。据资料研究表明，白色颜料在潮湿情况下特别显眼，对亮度起决定性作用的是二氧化钛或硫化锌掺量，其掺量为水泥质量的 3％～5％时最为适宜。

本试验选用 R-69 型金红石型钛白粉，二氧化钛含量大于 95％，吸油量：19G/100G，色光：100，水溶性 Max：0.05，着色力≥100，一级品。

水泥、矿物掺合料、减水剂（浓度10%）等其他材料同"1.利用白水泥研制白色饰面清水混凝土"。

2.配合比设计

（1）颜色的调配

为了解各种原材料组分对白色混凝土颜色的影响，研究白色饰面清水混凝土的配色方法，按表2-7的配合比，研究了粉煤灰、钛白粉的掺量对混凝土白度的影响及其变化规律。试验结果表明钛白粉的掺量对混凝土的白度影响最为密切，随着掺量的增加，混凝土的白度增加；而选用自身颜色较浅的Ⅰ级粉煤灰对混凝土的白度影响不大，且有利于提高混凝土的工作性能，采用表2-7中的配合比制备出的白色饰面清水混凝土，如图2-18所示，其中 YW3 与 YW5 的白度与光泽度较好。

原材料对白度影响的配合比（单位：kg/m³）　　　　　　　　表 2-7

编号	W/C	水	水泥	粉煤灰	矿粉	钛白粉	石	砂	减水剂
YW1	0.34	170	450	0	50	0	1049	700	2.00
YW2	0.34	170	395	40	50	15	1049	700	2.25
YW3	0.34	170	385	40	50	25	1049	700	2.25
YW4	0.34	170	375	60	50	15	1049	700	2.25
YW5	0.34	170	365	60	50	25	1049	700	2.25

图 2-18　白色饰面清水混凝土色板

根据以上对白色饰面清水混凝土配色方面的结论，钛白粉的掺量对混凝土的白度影响最为密切，随着掺量的增加，混凝土的白度增加，确定钛白粉的掺量为占胶凝材料量的3%～5%，在实际混凝土的配制过程中，根据其颜色情况，对钛白粉的掺量做一定的微调整。

（2）强度的配制

分别配制了 C40、C50 和 C60 的白色饰面清水混凝土，其配合比见表2-8。混凝土强度及工作性能测试结果见表2-9。

白色饰面清水混凝土的配合比（单位：kg/m³）　　　表 2-8

编号	W/C	水	水泥	粉煤灰	矿粉	钛白粉	石	砂	减水剂
C40-1	0.41	165	240	80	60	20	1110	740	6.5
C40-2	0.41	165	229	70	85	16	1110	740	6.8
C40-3	0.41	165	228	60	100	12	1110	740	7.0
C50-1	0.35	160	339	40	60	21	1080	720	11.0
C50-2	0.35	160	339	35	70	16	1080	720	11.5
C50-3	0.35	160	339	30	80	12	1080	720	12.0
C60-1	0.28	155	398	50	80	22	1081	686	14.0
C60-2	0.28	155	404	40	90	17	1082	686	15.0
C60-3	0.28	155	409	30	100	11	1083	686	15.5

白色饰面清水混凝土性能　　　表 2-9

编号	强度（MPa）		工作性能			
	7d	28d	坍落度（mm）		扩展度（mm）	
			初始	1h 后	初始	1h 后
C40-1	40.0	48.4	190	160	480	450
C40-2	37.3	47.2	190	165	500	460
C40-3	38.4	49.5	185	165	505	460
C50-1	45.3	60.4	220	190	540	480
C50-2	47.5	63.2	215	185	535	480
C50-3	46.9	65.0	210	175	510	470
C60-1	52.4	68.9	220	200	550	510
C60-2	54.0	69.4	215	195	555	520
C60-3	56.8	71.0	220	195	530	490

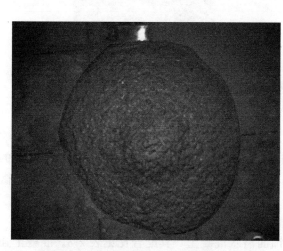

图 2-19　白色饰面清水混凝土坍落度试验

表 2-9 中所配制的白色饰面清水混凝土能够达到 C40、C50、C60 的强度要求，并且其工作性能较好，坍落度、扩展度较大，坍落度经时损失较小，混凝土不泌水、不离析、黏聚性能好。图 2-19 为坍落度试验。

3. 耐久性能研究

课题组重点研究了 C40、C50 与 C60 各个强度等级的白色饰面清水混凝土的自收缩性能，自收缩的试件处于室温 20±2℃、完全密封与外界无湿度交换的环境中，从而保证所测的总收缩中不再包含干燥收缩这一部分。试验结果如图 2-20 和图 2-21 所示。配制出的各种强度等级的白色高强清水饰面混凝土的自收缩率均较小，C40、C50 与 C60 各个强度等级的白色饰面清水混凝土的 28d 自收缩率依次为 141×10^{-6}、158×10^{-6}、179×10^{-6}，具有良好的体积稳定性。

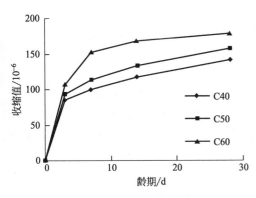

图 2-20　混凝土自收缩曲线

图 2-21　白色饰面清水混凝土样板墙

4. 中试试验

以白水泥、白色骨料制备，加 4％钛白粉，搅拌站实际生产，以 WISA 板作为成型模板制作的白色清水混凝土样板墙，如图 2-21 所示。

拆模后的白色饰面清水混凝土样板墙内实外光，色泽观感良好，达到潘通色卡 Cool Gray 1C 要求。经取样检测，混凝土的工作性能满足施工要求，力学性能、耐久性能均满足 C60 强度等级要求。历经 1 年多后，白色饰面清水混凝土表面未出现肉眼可见裂缝，色泽观感仍然良好。

5. 小结

（1）使用白水泥、白色骨料、钛白粉等原材料可以配制出性能优良的 C40、C50、C60 白色饰面清水混凝土，混凝土的工作性能良好，力学性能满足设计等级要求，体积稳定性良好。

（2）以白水泥、白色骨料制备，加 5％钛白粉，搅拌站实际生产，以 WISA 板作为成型模板制作的白色清水混凝土样板墙内实外光，色泽观感良好，达到潘通色卡 Cool Gray 1C 要求。经取样验证，混凝土的工作性能满足施工要求，力学性能、耐久性能均满足 C60 强度等级要求。历经 1 年多后，白色饰面清水混凝土表面未出现肉眼可见裂缝，色泽观感仍然良好。

（3）该方案中使用的白水泥、钛白粉、白色骨料属于特殊的原材料，生产组织以及综合成本较高。

2.1.4　基于普通硅酸盐水泥条件下的浅色清水混凝土配合比研究

研究思路一（利用白水泥研制白色饰面清水混凝土）与研究思路二（利用钛白粉研制白色饰面清水混凝土）所制备的白色饰面清水混凝土均可满足工程结构要求，但由于白水泥、白色骨料、钛白粉等各种原材料来源有限，在实际工程中的应用经验在国内也未见报道，实施难度较大。因此，研究组设计出第三条研究思路：使用"普通硅酸水泥＋大掺量矿物掺合料＋普通骨料＋聚羧酸外加剂"研制出颜色较浅的饰面清水混凝土基层，再通过氟碳保护剂进行表观颜色的微调，达到工程需求的白色饰面清水混凝土表观颜色要求。

1. 研究难点

本试验的基本胶凝材料为普通硅酸盐水泥，以此为基础，为了使混凝土的颜色尽可能的"浅"，必须大掺量使用颜色较浅的掺合材，以达到使混凝土颜色变浅的目的。因此，颜色较浅的掺合料的选择和使用，在本试验中至关重要。通过对成都及其周遍材料的调查，可供选择的材料极其有限。

调查了解到，成都周边的粉煤灰品质不仅整体较差、供应不稳定，与本工程清水混凝土大体量长周期施工的特点相矛盾，而且成都周边的粉煤灰，都具有较深的颜色，图2-22是各厂家粉煤灰的照片。鉴于以上两点，成都地区的粉煤灰不适合用作本工程白色饰面清水混凝土。

(a) 博磊Ⅱ级粉煤灰(青灰色)

(b) 达州Ⅰ级粉煤灰(黄褐色)

(c) 泸州Ⅰ级粉煤灰(灰褐色)

(d) 渠县Ⅱ级粉煤灰(青灰色)

图2-22 各厂家粉煤灰

成都地区的水渣钒钛含量高、颜色深、活性差，不适合作为主要的调色材料在本试验中进行。只有重庆拉法基矿粉颜色较浅，活性较高，是比较合适的掺合材。如图2-23和图2-24所示。

水泥本身的颜色基本都为灰色，对于使混凝土颜色变"浅"，没有直接贡献，因此，只要品质稳定、供应充足的水泥即可采用。根据市场调查，四川本地适合用于清水混凝土的PI、PII型水泥现有产量小，需要定制，而拉法基、峨胜、亚东三家水泥厂都可定制生

(a) 上联首丰矿粉

(b) 拉法基矿粉

图 2-23

(a) 亚东水泥

(b) 峨胜水泥

图 2-24

产。但是在 1 年半以上的施工周期内，需要重点考虑颜色稳定性的保持。

综上所述，只有在混凝土中大掺量使用重庆拉法基产的"灰白色"矿渣粉，才能将混凝土的颜色尽可能调"浅"。同时掺入硅粉，以调整混凝土综合性能。

2. 原材料选择

根据以上分析，利用普通硅酸盐水泥制备浅色饰面清水混凝土的原材料主要有：

（1）水泥：采用四川某品牌 P·O42.5R 水泥，各项性能指标见表 2-10。

水泥性能指标　　　　　　　　　　　　　　　　　　　　表 2-10

标准稠度（%）	比表面积（cm²/g）	安定性	初凝时间（min）	终凝时间（min）	抗折强度（MPa）		抗压强度（MPa）	
					3d	28d	3d	28d
24.8	3580	合格	145	205	6.1	9.0	28.5	50.8

（2）掺合料：为改善混凝土的综合性能，掺用一定量的优质矿物掺合料，包括拉法基矿粉与埃肯硅灰。

（3）砂：采用机制中砂。细度模数 2.7，石粉含量 6.5%，泥块含量 0.5%，MB 值 0.8，大于 4.75mm 的颗粒含量 4%。

（4）石：采用 5～16mm 连续级配碎石。含泥量 0.4%，泥块含量 0.1%，针片状含量 5%。

（5）减水剂：采用聚羧酸系高性能减水剂。含固量 21.6%，减水率 20%。

（6）拌合用水：符合《混凝土用水标准》JGJ 63—2006 的规定、来源稳定的自来水或地下水。

3. 配合比设计

在配合比的设计过程中，尝试了多种试验方案，尤其是矿物掺合料（矿粉、粉煤灰、偏高岭土、沸石粉、硅灰）与外加剂种类、厂家的选择搭配，进行了大规模的试配 80 余组，历经两个月，最终确定的方案为"普通硅酸盐水泥＋矿粉＋硅灰＋普通骨料＋聚羧酸减水剂"，表 2-11 为试验中的典型配合比。

浅色饰面清水混凝土配合比　　　　　　　　　　　表 2-11

配合比	强度等级	W/C	混凝土配合比（kg/m³）						
			水泥	矿渣	硅粉	机制砂	碎石	水	外加剂
PQ-1	C40	32%	200	180	25	898	1000	147	5.3
PQ-2	C50	28%	220	205	25	853	1000	147	6.0
PQ-3	C60	29%	250	250	25	778	1000	147	7.0
PQ-4	C40	33%	275	150	25	840	1000	160	4.7
PQ-5	C50	31%	300	145	35	810	1000	160	4.9
PQ-6	C60	31%	350	160	40	740	1000	160	5.6

（1）工作性能

根据不同施工方式，混凝土工作性能要求见表 2-12。

浅色饰面清水混凝土工作性能要求　　　　　　　　　表 2-12

施工方式	出站时间（h）	坍落度（mm）	扩展度（mm）	初凝时间（h）	终凝时间（h）	和易性
泵送	0	210±20	530±50	11±2	13±2	匀质性良好，无泌水、离析
	1					
	2					
塔吊	0	180±20	480±50	11±2	13±2	
	1					
	2					

混凝土工作性能指标的确定主要考虑商品混凝土的运输距离、现场的浇筑速度、混凝土可能需要的泵送长度和高度共同确定，综合以上要素，适合本工程的清水混凝土应具有良好的和易性、匀质性、坍落度 2h 不损失。通过试验调整，以上几点均可实现。表 2-13 为表 2-11 配合比中混凝土相应的工作性能试验结果。

混凝土工作性能试验的结果 表 2-13

配合比	坍落度(mm)		扩展度(mm)		初凝时间(h)
	0h	2h	0h	2h	
PQ-1	210	205	500	480	14
PQ-2	220	220	550	530	14
PQ-3	215	215	550	550	16
PQ-4	210	210	480	440	12
PQ-5	210	210	515	500	12
PQ-6	220	220	550	520	13

从表 2-13 可知，混凝土的出机工作性能都较好（图 2-25），但 PQ-1～PQ-3 的工作度保持能力要优于 PQ-4～PQ-6，主要是由于 PQ-1～PQ-3 的矿粉掺量与外加剂用量均高于 PQ-4～PQ-6，更有利于保持混凝土工作性能，能够满足施工要求。

图 2-25 新拌白色饰面清水混凝土

（2）力学性能

表 2-14 为表 2-11 配合比中混凝土相应的抗压强度试验结果。

混凝土抗压强度试验结果 表 2-14

试验编号	工作性能(mm)		混凝土抗压强度(MPa)		
	坍落度(mm)	扩展度(mm)	3d	7d	28d
PQ-1	210	500	36.6	50.5	68.9
PQ-2	220	550	45.8	56.4	87.4
PQ-3	215	550	45.9	64.0	85.0
PQ-4	210	480	40.6	55.8	70.9
PQ-5	210	515	48.8	62.5	78.7
PQ-6	220	550	50.7	67.0	88.7

从表中可以看出，各强度等级混凝土的抗压强度普遍偏高，这主要是由于硅粉的使用，提高了混凝土的强度。从试验结果来看，按照"普通硅酸盐水泥＋大掺量矿粉＋硅粉"的技术路线，实现 C40、C50、C60 混凝土的强度是没有问题的。

（3）耐久性能

由于本工程对混凝土的自收缩性能提出了较高的要求，试验重点研究了 C40、C50、C60 白色饰面清水混凝土的自收缩性能。自收缩的试件处于室温 20±2℃、完全密封与外界无湿度交换的环境中，从而保证所测的总收缩中不再包含干燥收缩这一部分。

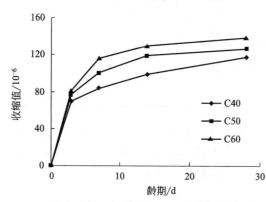

图 2-26   浅色饰面清水混凝土自收缩曲线

图 2-26 是混凝土自收缩曲线。从图中来看，C40、C50 与 C60 各个强度等级的浅色饰面清水混凝土的 28d 自收缩率依次为 $118×10^{-6}$、$127×10^{-6}$、$139×10^{-6}$，混凝土具有良好的体积稳定性。

（4）表观效果

从配合比来看，水泥用量比例越大，混凝土的颜色也愈深。PQ-1、PQ-2、PQ-3 号配合比的颜色相对较浅，PQ-4、PQ-5、PQ-6 的颜色则无法达到建筑师的要求。

在表观试验中，成型的 400mm×400mm×150mm 试件，模具采用与实体结构相同的 WISA 模板定制，涂刷水性脱模剂，浇灌成型，48h 后拆模，观测其表观性能，达到潘通色卡 Cool Gray 5C 要求，通过氟碳保护剂微调，可以达到设计师要求的潘通色卡 Cool Gray 1C 效果（图 2-27）。通过大量进行的颜色试验表明，所研制浅色清水混凝土颜色和表观质量达到工程要求。

图 2-27   白色饰面清水混凝土基层＋氟碳保护剂调色的表观效果

在生产和施工过程中，混凝土的颜色需要进行认真细致的控制，这种控制包括混凝土配合比、混凝土的施工过程、混凝土的养护过程，任何一个环节的疏漏都会导致颜色的差异。

总体来说，目前按照本思路进行的颜色试验表明，能够达到的较好的效果。

4. 小结

（1）使用"普通硅酸盐水泥＋矿粉＋硅灰＋普通骨料＋聚羧酸减水剂＋聚羧酸"可制备出浅色饰面清水混凝土，该混凝土的工作性能、力学性能、耐久性能均满足设计要求，表观颜色通过氟碳保护剂微调后达到潘通色卡 Cool Gray 1C 要求。

（2）浅色饰面清水混凝土可利用氟碳保护剂微调颜色，最终实现建筑设计要求的白色饰面清水混凝土。

（3）使用普硅水泥制备的浅色饰面清水混凝土，其自收缩性能优于利用白水泥制备的白色饰面清水混凝土及利用钛白粉制备的白色饰面清水混凝土，更有利于工程实体结构的裂缝控制。

（4）浅色饰面清水混凝土使用的原材料基本为就近性选择，来源广泛，有利于大规模生产、组织与施工。

2.1.5 基于普通硅酸盐水泥条件下的高强自密实浅色清水混凝土配合比研究

成都来福士广场 5 座塔楼正立面由柱、斜柱、梁组成，设计要求采用清水混凝土。其中立柱间斜柱承力大，内配工字形钢，钢筋间距较小，封模后无法插入振捣施工，只能依靠混凝土自身填充性能充填模板，并达到表面清水效果，同时混凝土泵送施工最大垂直落差达 7m，对混凝土的抗离析性能要求高，须采用自密实浅色饰面清水混凝土浇筑。经分析研究，确定对塔楼正立面斜柱使用自密实饰面清水混凝土（强度等级包括 C40、C50、C60），以保证施工顺利完成，并达到饰面清水混凝土的表观效果。

针对来福士广场工程对清水混凝土性能、生产、施工的高标准要求，从自密实浅色饰面清水混凝土的"配合比设计→工作性能研究→耐久性能研究→生产工艺研究→全过程质量控制"等五个环节开展试验研究及工程应用试验，组织并完成自密实浅色饰面清水混凝土的试验研究和工程应用，满足成都来福士广场工程对自密实白色饰面清水混凝土的施工要求。

本部分使用"普通硅酸盐水泥＋大掺量矿物掺合料＋外加剂＋骨料"制备浅色饰面清水混凝土基层，利用氟碳保护剂进行表观微调的基础上，通过对工作性能的调整，研制出自密实白色饰面清水混凝土。

1. 研究难点

（1）钢筋配置密集，振捣难度大

成都来福士广场主楼斜柱断面尺寸为 400mm×1250mm，中部穿插 150mm×600mm 工字形钢，纵筋 4×Φ32＋18×Φ30、箍筋Φ12@100。钢筋分布密集，部分纵筋间距不足 30mm，且工字形钢两侧与模板内壁形成近真空带。对混凝土流动性、填充能力、穿越能力提出极高要求。

（2）浇筑时间长，对混凝土工作性能要求高

斜柱所处位置在立柱之间，斜柱下料开口小，浇筑难度大且用时较长，要求新拌混凝土工作性能长期保持稳定、高水平。

（3）骨料质量要求高，材料选择困难

粗骨料方面：因斜柱钢筋过于密集，为了保证混凝土的通过性能，需确定粗骨料最佳粒径范围；细骨料方面：因成都地区天然砂资源急缺，混凝土生产多采用机制砂。机制砂颗粒多菱角，且级配较差，导致混凝土内部摩擦阻力相对较大，影响混凝土的流动性能。因此，为确保混凝土的性能，必须研究和解决自密实清水混凝土的原材料选择难题。

（4）表观质量要求高，必须实现清水饰面效果

自密实清水混凝土要求既达到自密实混凝土的高工作性能，同时又实现其清水饰面效果，满足本工程颜色和表观质量要求。配合比设计过程中必须进行大量饰面效果试验，制作混凝土样板，实现自密实清水混凝土"内实外光，无色差、孔洞、水纹"的要求。

2. 原材料选择

为保证自密实浅色饰面清水混凝土的颜色与白色饰面清水混凝土颜色保持一致，试验所用的原材料，基本为"2.1.4 基于普通硅酸盐水泥条件下的浅色清水混凝土配合比研究"所述的原材料。此外，经过大量的试验验证，为了保证混凝土的自密实性能，必须加入部分浅色、优质的粉煤灰。

3. 配合比设计

先后考察硅粉、超细矿粉等多种掺合料对混凝土工作性能影响，为保证混凝土的自密实性能满足本工程密配筋的施工要求，胶凝材料总量为 $650kg/m^3$，以水胶比 $0.21\sim0.25$、砂率 $46\%\sim54\%$ 为变量，通过大量复掺优质矿物掺合料、优选骨料、使用高性能聚羧酸减水剂等途径，设计不同的 C60 自密实浅色饰面清水混凝土配合比（表 2-15）。

自密实浅色饰面清水混凝土设计配合比　　表 2-15

编号	胶凝材料总量（kg/m³）	配合比（水泥：粉煤灰：硅灰：矿粉：机制砂：石：水：减水剂）								砂率（%）
		水泥	粉煤灰	硅粉	矿粉	机制砂	石	水	减水剂	
1号	600	1	0.34	0.06	0.25	2.24	2.42	0.41	0.018	48
2号	600	1	0.34	0.06	0.25	2.33	2.33	0.41	0.020	50
3号	600	1	0.34	0.06	0.25	2.42	2.24	0.41	0.021	52
4号	650	1	0.51	0.08	0.20	2.16	2.53	0.47	0.028	46
5号	650	1	0.51	0.08	0.20	2.35	2.35	0.47	0.030	50
6号	650	1	0.51	0.08	0.20	2.44	2.25	0.47	0.030	52

4. 混凝土性能研究

（1）工作性能

为验证自密实浅色饰面清水混凝土工作性能保持能力，所有新拌自密实浅色饰面清水混凝土均留置 3h，进行工作性能对比，观察混凝土的工作性能损失情况。新拌混凝土工作性能见表 2-16。

新拌自密实浅色饰面清水混凝土工作性能　　表 2-16

编号	T/K(mm)		倒 T(s)		U 形箱(mm)		GMT(%)		L 形筒（h_1/h_2）	和易性
	0h	3h	0h	3h	0h	3h	0h	3h		
1号	240/630	220/590	14	20	270	/	15.2	4.7	0.5	损失略快
2号	240/670	240/640	9	12	340	320	12.1	7.6	0.8	略泌浆
3号	260/720	250/680	9	11	350	350	13.0	8.9	0.9	略泌水
4号	250/720	235/690	10	11	350	320	12.3	11.8	0.9	良好
5号	250/700	250/710	12	11	350	340	7.5	7.9	1.0	良好
6号	265/740	260/720	10	9	350	350	10.9	12.4	1.0	良好

1）胶凝材料用量对混凝土工作性能的影响

结果显示，600kg 胶凝材料总量条件下，GMT 筛析稳定性试验结果不够理想。故设计 650kg 胶凝材料总量配合比，再进行试验，结果显示 GMT 筛析稳定性试验结果良好，混凝土匀质性优良。

提高胶凝材料总量对混凝土工作性能具有促进作用，混凝土流动性、抗离析性能均得到改善，相应地出现黏度增大现象。

2）砂率对混凝土工作性能的影响

1 号、2 号、3 号配合比为同条件对比，4 号、5 号、6 号配合比为同条件对比，混凝土的和易性能随砂率的提高逐步改善，在 52％砂率条件下，混凝土的性能较优。

3）外加剂掺量和单方用水量对混凝土工作性能的影响

用水量和外加剂掺量的搭配对混凝土稳定性能产生了一定的影响，提高外加剂掺量、降低用水量对混凝土工作性能保持有积极影响。

试验结果显示：3 号、6 号配合比均实现 3h 内混凝土无工作性能损失。

（2）耐久性能

与前述白色饰面清水混凝土耐久性测试相类似，普通硅酸盐水泥制备自密实浅色饰面清水混凝土也进行了耐久性能测试，测试结果见表 2-17。

自密实浅色饰面清水混凝土耐久性能技术指标 表 2-17

28d 加速碳化深度（mm）	硫酸盐侵蚀		收缩性能（$\times 10^{-6}$）	
	强度腐蚀系数（%）	质量腐蚀系数（%）	28d 自收缩	28d 标养下收缩
1.0	2.7	0.3	151	505

注：自收缩的试件处于室温 20±2℃、完全密封与外界无湿度交换的环境中，从而保证所测得的总收缩中不再包含干燥收缩这一部分。

耐久性能测试结果表明，C60 机制砂自密实浅色饰面清水混凝土具有优异的抗碳化、抗硫酸盐腐蚀及体积稳定性能，耐久性能良好。

（3）表观效果

为验证混凝土的饰面清水效果，进行机制砂自密实浅色饰面清水混凝土样板成型。用木模拼装 1.2m×1.5m×1.9m 十字模型（图 2-28a），模拟实际工程配筋密度，使用表 2-15 中配合比生产自密实浅色饰面清水混凝土，进行模拟施工。

(a) 十字试模三维图　　　　　　(b) 拆模后十字样板

图 2-28　白色饰面清水混凝土模型及样板图

新拌混凝土流动性好，完全达到自流平，和易性良好，浇筑过程顺利。成型拆模后内实外光，表面无气泡、无水纹出现。拆模后混凝土样板表面光滑、颜色匀称，达到潘通色卡 Cool Gray 5C 要求，通过氟碳保护剂微调后，表观质量达到工程结构所需的白色饰面清水混凝土饰面效果（图 2-28b、图 2-28c）。

5. C40 与 C50 自密实浅色饰面清水混凝土设计配合比

（1）配合比设计

在 C60 自密实浅色饰面清水混凝土的试验基础上，课题组开展了 20 余次的试验研究，最终确定了 C40 与 C50 自密实浅色饰面清水混凝土的设计配合比（表 2-18）。

C40 与 C50 自密实浅色饰面清水混凝土设计配合比（单位：kg/m³）　表 2-18

强度等级	胶材总量	水泥	粉煤灰	矿粉	硅灰	碎石	砂	外加剂
C40	565	280	215	50	20	950	860	9.6
C50	625	300	215	80	30	930	830	10.6

试验结果表明，混凝土具有良好的自密实性能以及工作度保持能力（表 2-19），抗压强度（表 2-20）也完全满足设计等级要求。

新拌自密实浅色饰面清水混凝土工作性能　表 2-19

编号	T/K(mm)		倒 T(s)		U 形箱(mm)		GMT(%)		L 形筒 (h_1/h_2)	和易性
	0h	3h	0h	3h	0h	3h	0h	3h		
C40	255/690	220/660	9	13	345	330	10.2	7.7	0.9	良好
C50	265/720	250/700	9	11	350	340	10.5	8.4	1.0	良好

自密实浅色饰面清水混凝土抗压强度检测结果（单位：MPa）　表 2-20

强度等级	1d	3d	7d	28d
C40	16.0	32.5	44.6	58.6
C50	22.5	41.7	56.1	73.9

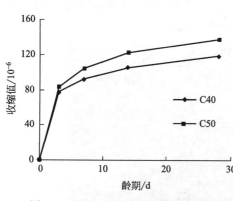

图 2-29　C40、C50 自密实白色饰面
清水混凝土自收缩发展曲线

（2）自收缩性能研究

针对设计好的 C40、C50 自密实浅色饰面清水混凝土配合比，检测其相应的自收缩性能。自收缩的试件处于室温 20±2℃、完全密封与外界无湿度交换的环境中，从而保证所测的总收缩中不再包含干燥收缩这一部分。

由图 2-29 可知，C40、C50 自密实浅色饰面清水混凝土的 28d 自收缩率依次为 119×10^{-6}、138×10^{-6}，混凝土具有良好的体积稳定性。

6. 小结

（1）在浅色饰面清水混凝土的基础上，

通过对工作性能的调整，可制备出自密实浅色饰面清水混凝土，该混凝土的工作性能、力学性能、耐久性能均满足设计要求，表观颜色通过氟碳保护剂微调后达到潘通色卡 Cool Gray 1C 要求。

（2）自密实浅色饰面清水混凝土可利用氟碳保护剂微调颜色，最终实现建筑设计要求的白色饰面清水混凝土。

（3）使用普通硅酸盐水泥制备的自密实浅色饰面清水混凝土的自收缩性能优于利用白水泥制备的白色饰面清水混凝土及利用钛白粉制备的白色饰面清水混凝土，更有利于工程实体结构的裂缝控制。

（4）自密实浅色饰面清水混凝土使用的原材料基本为就近性选择，来源广泛，更有利于大规模生产、组织与施工。

2.1.6 三种研究思路的对比分析与工程实际应用

1. 三种研究思路的对比分析

如前文所述，要实现建筑设计要求的白色（或浅色）清水混凝土的饰面效果，有三种思路，即：利用白水泥研制白色饰面清水混凝土、利用钛白粉研制白色饰面清水混凝土和利用普通硅酸盐水泥制备自密实白色饰面清水混凝土，这三种思路（途径）均能达到预期的效果。现将三种混凝土的综合效果进行对比分析，见表2-21。

三种研究思路制备白色饰面清水混凝土的对比分析 表2-21

项次	利用白水泥研制白色 饰面清水混凝土	利用钛白粉研制白色 饰面清水混凝土	利用普硅水泥研制自密实 白色饰面清水混凝土
工作 性能	白水泥中 C_3S+C_3A 的含量比普通水泥高15%以上，早期水化反应速度快，其工作性能损失控制难度大	白水泥中 C_3S+C_3A 的含量比普通水泥高15%以上，早期水化反应速度快，其工作性能损失控制难度大	浅色（自密实）清水混凝土的工作性能损失控制难度相对较小
力学性能	满足设计强度等级要求	满足设计强度等级要求	满足设计强度等级要求
耐久性能	使用了白水泥的混凝土，因矿渣用量较大，粉煤灰用量较小，总体收缩相对较大；白色饰面清水混凝土的碳化速度较快	使用了白水泥和钛白粉的混凝土，因矿渣用量可适当控制，同时少量粉煤灰抑制收缩，总体收缩相对适中	使用普硅水泥和大掺量矿物掺合料的混凝土，收缩相对较小
表观 颜色	本身可以达到颜色要求	本身可以达到颜色要求	本身达不到颜色要求，通过保护剂微调颜色可达到要求
生产组织 难度及实 施难点	试验所选用的白水泥厂家规模、产品品质均可以满足工程设计要求，但距离成都较远，材料组织难度大，长期施工中颜色一致性保持难度较大	试验选用的白水泥、钛白粉、白色骨料等材料组织难度大	使用常规、就近的原材料，便于生产组织，可实施性强
应用难点	国内尚无实体结构中大批量使用白水泥的先例	国内尚无实体结构中大批量使用白水泥的先例	该方案中混凝土较常规，应用相对成熟

项次	利用白水泥研制白色饰面清水混凝土	利用钛白粉研制白色饰面清水混凝土	利用普硅水泥研制自密实白色饰面清水混凝土
技术经济效益	使用白水泥,主材成本比使用普通硅酸盐水泥成本高出 300 元/m³。预计增加工程造价约 600 万元	使用白水泥、钛白粉、白色骨料,主材成本比使用普通硅酸盐水泥成本高出 500 元/m³。预计增加工程造价约 1000 万元	综合成本相对较低

为了对几种思路进行对比,2009 年 11 月 10 日项目部组织了成都来福士广场白色饰面清水混凝土专家论证会(图 2-30)。专家组对小样板、大样板进行了观察,并听取了"白色饰面清水混凝土试验总结"汇报。会议上,专家组、业主、设计师同意采用白水泥方案配置本工程的清水混凝土,并提出了进一步试验的一系列建议。

图 2-30　白色饰面清水混凝土专家论证会

但在由于具体的实施过程中,没有用白水泥做结构施工的相关工程经验,进行相关耐久性试验的周期过长,加上目前国内仅"阿尔博"白水泥满足本工程要求,其生产厂家均远在安徽,而产品有效期仅有三个月,材料组织难度较大,给长期施工中混凝土颜色保持一致性的带来了难度。最终项目放弃了采用白水泥的思路,转而采用了"普通硅酸盐水泥+大掺量矿物掺合料(含硅粉)+外加剂+骨料"的配合比设计。在做清水混凝土保护剂的同时,对颜色进行微调,最终达到建筑师要求的清水混凝土饰面效果。

2. 工程实际应用

(1)白色饰面清水混凝土的应用

自 2009 年 10 月截止到完工,工程生产、供应浅色清水混凝土近万 m³。在生产、施工过程中,对混凝土工作性能和力学性能进行了跟踪测试,结果表明混凝土的工作性能及损失均可满足施工要求,混凝土的力学性能完全满足结构设计要求;混凝土表观方面,通过氟碳保护剂进行微调,达到白色饰面清水混凝土的饰面效果。地下室白色饰面清水混凝土施工效果如图 2-31 和图 2-32 所示。

(2)自密实白色饰面清水混凝土的应用

自 2010 年 3 月 29 日起进行自密实白色饰面清水混凝土首次生产,浇筑成都来福士广场 T1-3 区首层立柱和斜柱共 13m³(图 2-33)。

图 2-31 地下室白色饰面清水混凝土柱　　　图 2-32 白色饰面清水混凝土效果品质确认

(a) 立柱、斜柱钢筋

(b) 混凝土浇筑

(c) 拆模后表观

(d) 斜柱、立柱结合部

图 2-33 T1-3 区首层立柱和斜柱

　　混凝土搅拌车出站经 50min 到达现场，经检验混凝土流动性、匀质性良好，扩展度为 700mm。现场采用塔吊方式浇筑，斜柱与立柱结合部安装 400mm×2000mm 溜槽，混凝土沿溜槽进入斜柱模板。现场浇筑共用时 1.5h。

拆模后立柱、斜柱内实外光、表面无气泡，颜色匀称。通过氟碳保护剂微调，使表观颜色达到潘通色卡 Cool Gray 1C 要求。

在严格的质量控制下，自密实白色饰面清水混凝土工作性能优异、表观质量高（图2-34）。为节约浇筑时间、加快施工进度起到了很大的作用；为自密实白色饰面清水混凝土的推广应用积累了成功经验。

图 2-34 白色饰面清水混凝土在成都来福士广场工程中的应用效果

2.2 饰面清水混凝土无明缝、无孔眼模板体系研制与应用

2.2.1 概述

1.传统清水模板工程概况

清水饰面混凝土是一次成型、不做任何外装饰、直接采用现浇混凝土的自然色作为饰面的混凝土。清水饰面混凝土工程是以混凝土本身的质感和精心设计安排的对拉螺栓孔、明缝、禅缝组合形成自然状态作为饰面效果的混凝土工程。清水混凝土用与生俱来的装饰特性来表达崇尚自然、质朴无华、返朴归真的建筑情感，已形成了一种新的建筑流派，并逐渐发展为镜面混凝土、彩色混凝土。

为了保证浇筑成型的混凝土达到清水饰面混凝土的效果，对模板体系从选材、加工到安装、加固都提出了更严格的要求。要求模板拼缝、对拉螺栓和施工缝的留设要规律、美观；拼缝接缝和施工缝处无挂浆、露浆等，根据中国建筑第三工程局施工工艺标准《清水饰面混凝土施工工艺标准》具体要求如下：

（1）模板面板要求板材强度高、韧性好，加工性能好、具有足够的刚度。

（2）模板表面覆膜要求强度高、耐磨性好、耐久性好、物理化学性能均匀稳定，表面平整光滑、无污染、无破损、清洁干净。

（3）模板龙骨顺直、规格一致，和面板紧贴，同时满足面板反钉的要求。具有足够的刚度，能满足模板连接需要。

（4）对拉螺栓满足设计师对位置的要求，最小直径要满足墙体受力要求。

（5）面板配置要满足设计师对拉螺栓孔和明缝、禅缝的排布要求。

以美国 Salk Institute（图 2-35）、上海浦东发展银行全国结算中心（图 2-36）等工程为例，均设置了线条顺直、排列整齐的明缝及排列规则、精心设计的对拉螺栓孔眼作为清水混凝土表现效果。

图 2-35　美国 Salk Institute

图 2-36　上海浦东发展银行全国结算中心

2. 成都来福士广场清水混凝土模板体系难点和特点

为了达到本工程建筑效果要求，梁柱接头以及施工缝处均不设置常规清水混凝土工程中的明缝，且所有清水混凝土表面均不设置对拉螺栓孔眼。这使得清水混凝土表面平整度、禅缝、施工缝等施工质量均应高于行业标准《清水混凝土应用技术规程》JGJ 169—2009 的要求，对饰面清水混凝土模板的选材、设计、加工、安装以及拆除都提出了更为严格的要求。

（1）清水混凝土构件截面大，且不能留设螺栓孔眼

本工程外立面柱宽、梁高、斜撑宽度大部分均为 1250mm，局部为 1375mm 或 1500mm。地下室"龙门"处等位置设有立面尺寸较大的清水混凝土墙。根据建筑设计要求，截面不大于 1250mm 的构件均不允许设置穿墙螺杆，超过 1250mm 的构件也不允许设置普通的穿墙螺杆，不允许在饰面清水混凝土构件上留设螺栓孔眼，所设置的穿墙螺杆颜色必须与混凝土颜色一致。

（2）施工缝处不允许设置明缝

常见的清水混凝土是以混凝土本身的质感和精心设计的明缝、禅缝、螺栓孔眼组合形成自然状态作为饰面效果。但本工程追求的是另类美感，外立面不允许设置明缝，施工缝必须达到禅缝的效果，施工缝错台不大于 2mm，水平顺直偏差不大于 3mm。因此，模板安装和加固的难度非常大。

（3）结构构件复杂

清水混凝土构件包括多种异形截面（图 2-37），有八字形、非直角的"L"形和斜撑等。清水混凝土构件平面和空间的复杂性给清水混凝土模板的安装、加固等带来了极大的难度。

3. 需要解决的关键技术问题及主要研究内容

（1）需要解决的关键技术问题

1）梁柱接头处清水混凝土无明缝模板加固技术

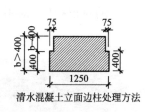
清水混凝土立面边柱处理方法

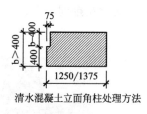
清水混凝土立面角柱处理方法

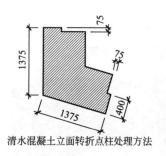
清水混凝土立面转折点柱处理方法

(a) 典型柱截面示意图

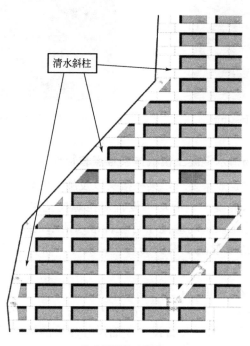
清水斜柱

(b) 典型斜柱示意图

图 2-37 清水混凝土构件截面

根据结构特点和清水混凝土工程施工经验，清水构件施工缝宜留设在梁柱接头处。施工缝设置在明缝处，明缝对施工缝处可能产生的错台起到一定的掩饰作用，传统清水混凝土工程施工缝处的模板加固较易实现。

本工程中，清水混凝土表面不留设明缝，在每层柱上口、下口仅留设禅缝，施工缝处混凝土接头错台控制要求较以往清水混凝土工程提出了更严苛的要求。

为保证梁柱接头清水混凝土成型质量，必须对梁柱接头模板加固方式进行深入研究，探索一种新的梁柱节点模板加固方式，确保无明缝清水混凝土表观效果。

2）清水混凝土无孔眼模板加固技术

模板加固一般采用钢制对拉螺杆，在须加固部位预埋 PVC 管，穿对拉螺杆，两端用蝴蝶卡加固，拆模后，取出对拉螺杆，混凝土表面留有 PVC 管孔洞；或不埋设 PVC 管，直接用对拉螺杆加固，两端用蝴蝶卡加固，拆模后，采用切割的方式将外露的对拉螺杆切掉。这两种方式均会在混凝土表面留下难以修补的瑕疵。

常规清水混凝土工程施工，将穿墙螺杆规则布置，采用预埋 PVC 管，两端加以堵头，混凝土成型后，保留孔眼并做一定修复即可达到美观要求。本工程中，清水面不设置任何对拉螺栓孔眼，且清水构件截面较大，部分区域还设置了大面积清水混凝土墙体。如采取传统清水混凝土模板加固方式进行模板加固，不可避免将在混凝土表面留下孔眼，无法满足本工程建筑设计要求。

为此，须探索一种新的清水混凝土模板加固方式，确保无孔眼清水混凝土表观效果，同时保证模板加固牢固可靠。

（2）主要研究内容

关于饰面清水混凝土表面的明缝问题，开发研制了梁柱接头无明缝模板体系；关于对拉螺栓孔的问题，总结开发了大截面无穿墙螺杆饰面清水混凝土结构模板体系，发明了一种墙体、大截面构件模板加固体系对拉螺杆及夹具。

2.2.2 无明缝模板体系的研制与应用

1. 研制难点

（1）模板体系的标准化

面板选用芬兰肖曼木业生产的特种专用建筑模板维萨（WISA）牌建筑模板，次龙骨选用钢方管或几字型材，主龙骨选用双 8 号、10 号或 12 号槽钢（通过计算确定槽钢型号），按标准化原则，模板体系采用定型钢框模板、加工场生产。

（2）施工缝处模板加固方式

本工程非标准层层高在 4.4～6.55m 之间，标准层层高 3.10m 或 3.90m。根据清水构件结构特点和混凝土浇筑的要求，制定了以下施工部署：层高大于 5m 的结构层，清水梁柱分步浇筑；层高小于 5m 的结构层，清水梁柱同步浇筑。根据施工部署，为保证混凝土浇筑和振捣质量，层高大于 5m 的结构层，柱上口、下口与上层梁、下层梁接头位置留设施工缝；层高小于 5m 的结构层，柱上口与上层梁结构同步浇筑，模板拼缝留设在柱下口与下层梁接头位置。

梁柱接头处模板加固一直是清水混凝土工程施工中施工质量控制较难的节点，特别是在本工程不设置明缝的情况下，对施工缝错台的控制尤为严格，梁柱接头模板加固方式显得尤为重要。

2. 钢框木模饰面清水混凝土模板的标准化加工

（1）操作平台搭设

操作平台主要有型钢调直平台、架体调平平台、面板组装平台等。型钢调制平台采用20 号工字钢焊接而成，水平横梁需保证水平。架体调直平台采用方钢管或槽钢等型钢材料焊接而成，上面需铺设 15mm 以上厚度的钢板，平台需保证水平。面板组装平台采用型钢焊接而成，需经过计算，具有足够的强度和刚度，平台上能承受需加工的模板重量、加工人员自重及活荷载；平台高度约为 1.6m，底部需保证模板加工人员操作方便。

（2）架体下料

架体所使用的型材必须按照模板加工图分解后的料单进行下料，模板边框及方钢管竖肋下料是可比实际长度短 5mm，但不能比实际长度长，确保能顺利焊接。

（3）型材调直

型材调直是保证模板架体成型质量的基础，型材采用千斤顶在调直平台上进行。为防止千斤顶作用而导致型材局部受压变形，调直时在千斤顶和型材之间应放置强度较高的WISA 模板。

（4）架体组装

架体由槽钢、方钢管、角钢等焊接而成。为配合模板使用，模板边框为 60mm×60mm×3mm 方钢管和 40mm×40mm×3mm 组成的组合边框，两种型号的方钢管通过焊接而成；模板竖向背楞为 100mm×40mm×3mm 方钢管，竖向背楞两端与组合边框焊接；水平背楞采用双槽钢焊接而成，通过双槽钢与竖向背楞焊接，保证模板整体性；在组合边框内侧和竖向方钢管背楞侧面焊接 30mm×30mm×3mm 短角钢，角钢上开孔，以便模板面板和背楞体系相连接；在模板上口焊接两个吊环进行模板的吊装。

（5）架体调平

架体在焊接过程中可能存在焊接变形等现象，架体调平的主要目的是通过调整消除因焊接等因素造成的架体不平整现象。重点需控制架体整体的平整度，角钢位置及方钢管与组合边框焊接位置的焊缝高度等，焊缝不得影响模板面板安装。

（6）架体喷漆

架体喷漆是为了保证模板体系在使用过程中不生锈，提高模板的周转次数，同时也让模板变得更加美观。架体喷漆不能在加工车间进行，须有专门的喷漆空旷场地。重点控制喷漆均匀、厚度适中，不能漏喷和产生流痕。

（7）面板下料

模板下料即为面板安装前根据模板加工图对面板进行切割。下料过程中需重点控制面板的下料尺寸，保证禅缝位置，特别是异形模板下料过程中需保证面板的角度、坡口等细部。模板拼缝处的模板边必须顺直，确保面板顺利安装；其余边可超出背楞体系范围 1cm 左右，待面板安装后进行切除。

沿表面木纹方向切割可以获得最好的边缘切割效果（模板短边方向就是模板表面木纹方向）。若与表面木纹方向垂直切割时，要求使用细齿锯刀。切割速度可以参考表 2-22。

模板切割速度参考表 表 2-22

序号	机器	切割速率
1	圆形锯齿	31m/min
2	条形锯齿	1~7m/min
3	线形	3.2m/min
4	制模工	750 下/min

为了获得模板的最大使用强度，模板的背支撑与模板表面木纹方向垂直，表面木纹方向就是模板短边方向，如图 2-38 所示。

（8）面板安装

面板安装需在操作平台上进行，面板朝上，背楞体系朝下。由两人协同作用进行模板固定，其中一人在操作平台上方固定面板，另一人在操作平台下方钉钉。安装面板所使用的钉子长度不得超过角钢厚度和模板厚度之和，安装完成后模板面不得出现钉子痕迹，更不能从模板面往背楞方向钉。图 2-39 为钉眼处理图。

由于木材不同的含水量，其尺寸会有细微的变化。安装时，模板与模板的拼接处可直接采用硅胶在模板侧面填充。模板与边框的拼缝必须预留 1～2mm，再采用硅胶或厚双面胶带充填，使模板在反复使用后有伸缩的余地。

面板安装过程中需重点控制面板拼缝严密，模板拼缝缝隙不能超过 0.5mm，拼缝错台不能大于 0.5mm，需重点控制禅缝位置符合加工图要求。

图 2-38　木纹方向与背楞关系图

（9）模板细部处理

1）孔眼。模板面板组装完成后需按照加工图纸进行开孔，孔眼位置和大小严格按照加工图进行。为保证模板周转过程中孔眼不被破坏，需对孔眼采取一定的保护措施。

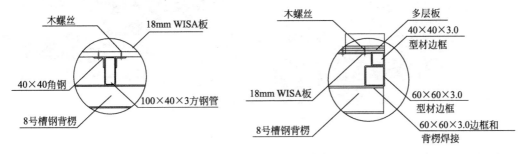

图 2-39　钉眼处理图

2）切边和封边处理。面板组装完成后需符合模板尺寸，对超出的面板需进行切除，切除前需在面板上定出模板边线，切除时不能破坏面板，需保证切割后模板尺寸满足图纸要求。

为了尽可能增加模板的周转使用次数，在切割边缘应当进行封边（图 2-40），封边两次，可确保模板边缘充分吸收封边漆。封边漆可采用丙烯酸漆或防水油漆等。在模板钻孔处也应当采用同样方法进行封边。

3）拼缝处理。模板面水平缝拼缝宽度不大于 0.5mm，为防止面板拼缝位置漏浆，模板接缝处背面切 85°坡口，并注满胶，然后用密封条沿缝贴好，再用木条压实，钉子钉牢，贴上胶带纸封严，禅缝拼接做法如图 2-41 所示。

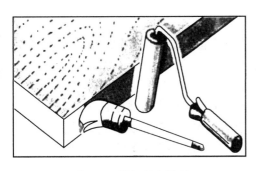

图 2-40　模板封边处理

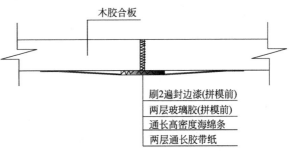

图 2-41　模板拼缝处理

4）模板清洁。模板加工完成后，需采用清水或松香水等对模板表面进行清洗，确保模板表面没有污染。清洗模板的物质不能为油性物质，不能与模板表面覆膜进行化学反应，同时不得对模板进行二次污染。

（10）模板堆放

模板堆放采取水平堆放方式（图 2-42），堆放高度不宜超过 8 层。模板堆放时面板对面板、背楞对背楞，面板之间采用海面或其他软质材料进行分格，避免碰伤。模板转运时须对模板边角进行保护，避免破坏。

图 2-42　模板堆放

3. 梁柱接头柱模板下口无明缝模板体系的研制与应用

（1）梁柱接头柱模板下口无明缝模板体系的研制

针对梁柱接头柱模板下口无明缝的要求，研发了一种无明缝混凝土结构体施工的模板加固体系。此模板加固体系操作简单、投入少，能有效保证饰面清水混凝土结构施工缝的平整度，确保饰面清水混凝土施工缝的施工质量。

实施方式如下：在柱模板下口位置，通过柱模板下包下层结构 50～200mm，并在模板下口外部加设一道起拱双槽钢，通过高强螺杆将起拱双槽钢与预埋在楼层内的钢管拉结牢固，起拱双槽钢通过高强螺杆的后拉作用而顺直，这样保证柱模板下口与下层结构贴合紧密，则可保证施工缝处混凝土接头平整顺直，并避免了错台的产生，最终使施工缝处混凝土呈现出禅缝的美观效果。图 2-43 为柱模板下口加固体系安装示意图。

（2）梁柱接头柱模板下口无明缝模板体系的应用

具体实施工程如下：

1）浇筑楼板混凝土时，将楼板中预埋的钢管预埋于楼板混凝土中，端部伸出混凝土一定高度。

2）满堂架搭设完成，并将定型钢框木模体系安装完成并校正。

3）将在加工厂加工完成并起拱的起拱双槽钢置于定型钢框木模体系的根部，采用具有足够强度的螺帽及配套的高强螺杆将定型钢框木模体系和起拱双槽钢相连，并将螺帽拧紧，通过高强螺杆的后拉作用，使起拱双槽钢顺直并与下层梁面贴合紧密。图 2-44 为柱模板下口加固体系安装实施效果图。

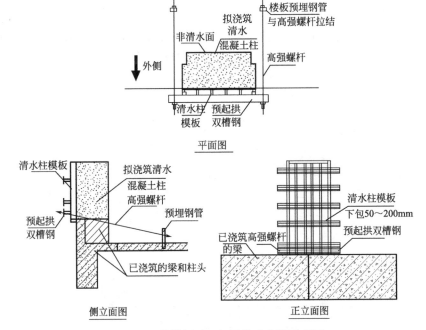

图 2-43 柱模板下口加固体系安装示意图

图 2-44 柱模板下口加固体系安装实施效果图

4. 梁柱接头柱模板上口无明缝模板体系的研制与应用

（1）梁柱混凝土分步浇筑工况

层高大于 5m 的结构层，梁、柱分步浇筑。

1）梁柱接头柱模板上口无明缝模板体系的研制

由于此处梁柱结构分步浇筑，在柱上口位置将设置施工缝，柱上口混凝土施工质量、施工缝处梁模板加固方式，决定了施工缝处梁柱接头质量。

① 柱模板体系

柱的加固采用在模板外设置抱箍的方式（图 2-45）。模板面板采用 18mm 厚 WISA 板，次肋选用 100mm×30mm×3mm 方钢管，方钢管间距为 300mm，主肋选用双槽钢。双槽钢规格和间距根据柱截面大小计算确定，利用对拉螺栓形成柱箍，为保证模板体系刚度，柱内侧（非清水面）背楞需采用与外侧模板体系相同的双槽钢，使用高强螺杆进行对拉。

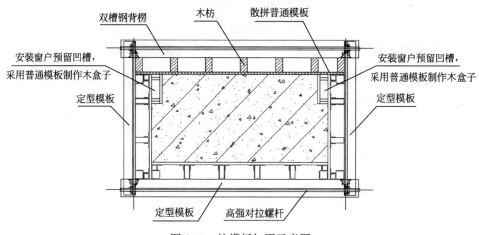

图 2-45　柱模板加固示意图

② 柱上口混凝土处理

为保证柱上口与梁混凝土接头处施工缝成型顺直，必须保证在浇筑柱混凝土时，柱上口混凝土成型顺直。在每次安装模板前，在模板上口的标高线处钉明缝条（图 2-46），明缝条下口与标高线平齐，浇筑混凝土时浇筑至明缝条上口。模板拆除后取出明缝条，采用云石机切割整齐成线的方式成型，这样，在进行上层梁结构施工时，采取相应的加固措施，则可保证柱上口与梁混凝土接头处施工缝形成良好的禅缝效果。此明缝条的作用为保证施工缝水平，在第二次浇筑混凝土时不放置明缝条，故不会留下明缝。

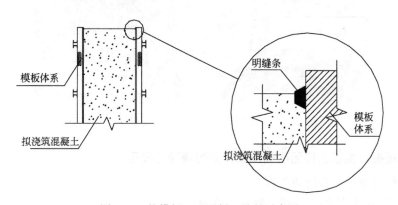

图 2-46　柱模板上口混凝土处理示意图

③ 梁模板体系

梁模板加固采用外侧斜撑反顶和楼板穿洞双槽钢加固的方式进行加固（图 2-47），双槽钢加固保证梁侧面不胀模，钢管外侧顶撑保证梁模板的稳定性，防止梁整体移位或上口整体倾斜现象；同时采用槽钢穿楼板进行加固可保证吊模混凝土的施工质量。穿楼板双槽钢紧贴梁内侧非清水模板次龙骨（木枋），水平间距与梁外侧定型模板背楞间距相同，本工程一般为800mm，双槽钢规格需与定型模板背楞相同。

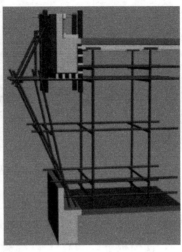

图 2-47 梁模板加固示意图

④ 梁柱接头处梁模板加固

梁柱接头处，梁模板加固质量影响了梁柱施工缝处混凝土接头成型效果。在本工程中，为保证梁柱接头混凝土成型质量，在进行梁模板加固时，梁模板在柱上口位置下包50～200mm，并在梁模板下口位置各增加一根活双槽钢，活双槽钢通过高强螺杆与背面非清水模板拉结（图 2-48），通过高强螺杆后拉，可确保梁模板与柱上口混凝土面贴合紧密。

图 2-48 梁柱接头处模板加固示意图

2）梁柱接头柱模板上口无明缝模板体系的应用

具体实施工程如下：

① 根据柱混凝土上口高度，在预先加工完成的柱模板上口相应位置钉好明缝条，将柱模板吊装入位加固并浇筑混凝土。

② 拆除柱模板，对柱上口混凝土进行切割成线（图2-49）。

③ 将梁模板吊装入位，先完成结构梁处梁模板加固工作（图2-50）。

图2-49　柱模板上口混凝土处理实施效果图

④ 在梁柱接头位置，按照模板体系的设计进行下包，下包高度以50～200mm为宜。梁模板安装就位后，在模板上下口各增加一根活双槽钢，并通过高强螺杆进行对拉加固（图2-51），使模板下口与柱上口混凝土贴合紧密可靠。模板做最后调校后进行混凝土浇筑。

图2-50　梁模板加固实施效果图　　　图2-51　梁柱接头处模板加固实施效果图

（2）梁柱混凝土同步浇筑工况

层高小于5m的结构层，梁、柱同步浇筑，柱上口与梁下口接头处不留设施工缝及明缝。

1）梁柱接头柱模板上口无明缝模板体系的研制

通过对传统清水模板的改进，研发了一种模板加固方式，在柱模板上口位置，通过焊接在柱模板上口处的螺杆，配合双槽钢活背楞及螺帽，将梁模板下口和柱模板上口拉结牢固紧密，并配合模板夹具进行模板拼缝处加固（图2-52），可有效避免模板拼缝错位，使柱上口处梁柱接头处模板拼缝平整、紧密、牢固可靠。

2）梁柱接头柱模板上口无明缝模板体系的应用（图2-53）。

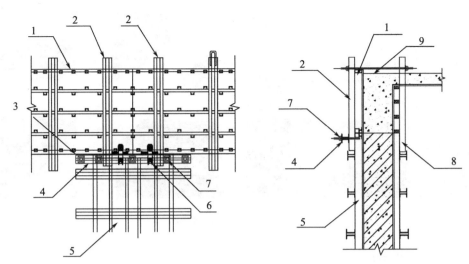

图 2-52 柱模板上口双槽钢活背楞及高强螺杆安装示意图

1—梁模板；2—梁模板背楞；3—长高强螺杆及螺帽；4—双槽钢活背楞；5—柱模板；
6—模板夹具；7—短高强螺杆及螺帽；8—背面非清水模板；9—拟浇筑的清水混凝土

图 2-53 柱模板上口双槽钢活背楞及高强螺杆安装实施效果图

5. 工程应用效果

成都来福士广场项目的清水饰面混凝土中，采用了钢框木模饰面清水混凝土模板，有效地保证饰面清水混凝土的成型质量，节约基层处理费用；工厂化制作加工能降低材料的浪费；加工成定型饰面清水混凝土模板可提高周转次数；钢框木模现场拼装简单，拼装速度快，与散拼清水模板比较，节约工期。

在饰面清水混凝土由于取消了明缝以及对拉螺栓孔眼的设置，具有独特的美感，完满地完成了建筑师的设计理念。图 2-54 为本项目清水混凝土成型效果图。

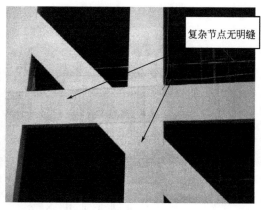

图 2-54　无明缝饰面清水混凝土成型效果

2.2.3　无孔眼模板体系的研制与应用

1.研制难点分析

成都来福士广场工程要求饰面清水混凝土无对拉螺栓孔眼。如采用传统清水模板加固方式，即设置穿墙螺杆，在混凝土拆模后，对穿墙螺杆孔眼进行填补混凝土的方式，将孔眼填堵并抹平，但经过样板试验，后填补混凝土不易填补密实，且经过一段时间，后填补混凝土与原结构产生细微脱离，形成裂缝，并且后填补混凝土色泽难以与原结构混凝土形成一致。这种采取传统清水模板加固方式辅助后期修补的方式难以满足本工程清水混凝土的高质量要求。

本工程中，清水构件主要为尺寸为 1250mm（柱宽、梁高、斜撑宽）的柱、梁、斜撑。对此类型清水构件模板进行加固，可采取高刚性的型钢背楞及高强螺栓，不在构件中心位置设置对拉螺栓，可满足"无孔眼"的要求。

除以上构件外，还有清水混凝土墙体和局部超大截面的混凝土柱、梁。其中，地下室"龙门"处清水墙长约 14m，高约 18m；局部清水柱截面为 1375mm×1400mm 以及更大截面的异型转角柱，清水梁最大截面为 900mm×1500mm。针对此部分清水构件，进行模板加固时，必须另行采用合理的加固工具及加固方式，保证清水混凝土施工要求。

2.清水混凝土无孔眼模板体系对拉螺杆及夹具的研制与应用

（1）清水混凝土无孔眼模板体系对拉螺杆及夹具的研制

1）清水混凝土无孔眼模板体系对拉螺杆的选择

为避免在清水混凝土表面留下孔眼，须选择一种加固时可永久留置在混凝土内的具有足够抗拉强度的对拉杆，在混凝土拆模后，对其进行切割并打磨平整，可避免形成孔眼；同时，此对拉杆截面颜色须与清水混凝土颜色接近，方可满足清水混凝土颜色均一的要求。选择了一种颜色与清水混凝土颜色极为相近的高强度玻璃纤维对拉螺杆作为对拉杆材料（图 2-55）。

2）玻璃纤维对拉螺杆分体式夹具的研制

加固方式上，最初方案为玻璃纤维螺杆车丝（图 2-65）后配合常规的山形卡进行加固。但通过试验发现，车丝会将玻璃纤维螺杆的玻璃纤维丝切断，造成丝口强度极低，一且受拉，车丝的部分将被完全破坏。这种方式被否定。

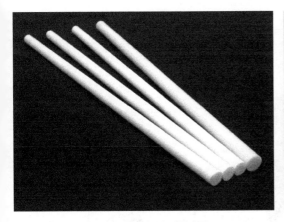

玻璃纤维对拉杆丝口

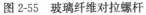

图 2-55 玻璃纤维对拉螺杆　　　　　图 2-56 玻璃纤维杆车丝

　　经过多次试验摸索，研发了一种分体式固定、加固工具（图 2-57），它通过分体夹片与玻璃纤维螺杆壁产生足够的摩擦力抵消混凝土浇筑时产生的侧压力。通过试验数据表明，单夹具抗滑最小 18kN，双夹具抗滑最大 60kN（图 2-58）。

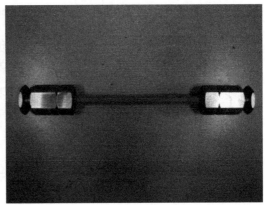

(a) 实物图

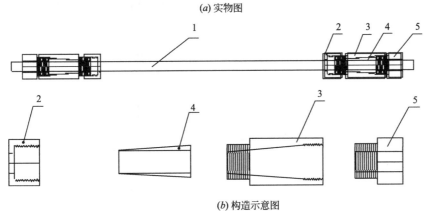

(b) 构造示意图

图 2-57 玻璃纤维对拉杆分体式夹具

1—对拉杆；2—顶紧螺帽；3—外筒；4—夹片；5—加固螺帽

编号：BLX2009-10-004

成都市建工程质量检验测试站
成都市人居小区双建南街17号　邮编：41005)
TEL：028-85265688　FAX：028-85266777

玻璃纤维对拉杆连接性能检测报告

委托单位	中建三局成都公司	委托日期	2009年10月14日
工程名称	来福士广场	委托编号	2009-10-01
工程部位	地下室	报告日期	2009年10月14日
检测内容	玻璃纤维连接杆抗拉	试验日期	2009年10月14日
依据标准	—	试件情况	有见证送样

检　测　结　果

连接试件试验结果

种 类 及 规 格	编 号	连接杆直径 (mm)	截面面积 (mm²)	滑出的极限荷载 (kN)	滑出位置距连接端的距离 (mm)
玻璃纤维对拉杆	1A₁	15.26	182.9	25	4
	1A₂	15.26	182.9	30	7
	1A₃	15.26	182.9	18	5
玻璃纤维对拉杆	3A₁	15.26	182.9	25	4
	3A₂	15.26	182.9	30	2
	3A₃	15.26	182.9	30	3
玻璃纤维对拉杆（双夹具）	4A₁	15.26	182.9		
	2B₁	15.26	182.	60	

结 论	
备 注	

审批：　　　校核：　　　检测：

检测报告　　　　　　　　　　　　　　　第1页共1页

(a) 连接性能试验	(b) 连接性能检测结果

图 2-58　玻璃纤维对拉杆分体式夹具试验

（2）玻璃纤维对拉螺杆及夹具加固体系的施工步骤

通过玻璃纤维对拉杆及分体式夹具的研发，确定其使用步骤（图 2-59）如下：

步骤一：将玻璃纤维对拉杆穿入模板孔洞内，并套上顶紧螺帽。

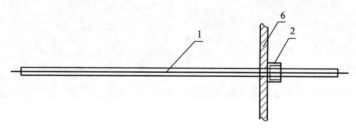

(a) 步骤一

步骤二：在外露对拉杆两头穿入外筒并与顶紧螺帽拧紧。

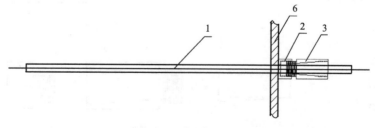

(b) 步骤二

图 2-59　玻璃纤维对拉螺杆及夹具加固体系的施工步骤（一）

1—对拉杆；2—顶紧螺帽；3—外筒；4—夹片；5—加固螺帽；6—模板体系；7—新浇筑混凝土

步骤三：在外筒中放入夹片，调整位置，使夹片深入外筒。

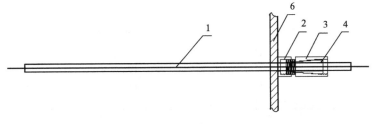

(c) 步骤三

步骤四：在外露对拉杆两头穿入加固螺帽，采用扳手将加固螺帽拧紧，拧紧力矩需达到 60kN·m。

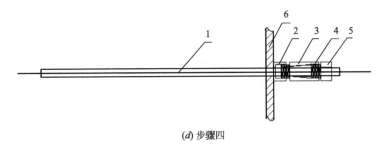

(d) 步骤四

步骤五：按照步骤一至步骤四安装高强度玻璃纤维对拉杆另一头的顶紧螺帽、外筒、夹片、加固螺帽。

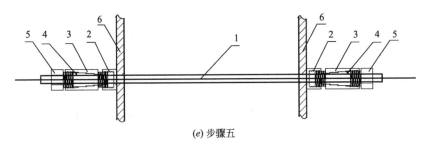

(e) 步骤五

步骤六：分别将两个夹具的顶紧螺帽往模板方向拧，使之与模板背楞体系顶紧无缝隙，并使模板内空间尺寸符合混凝土构件尺寸。

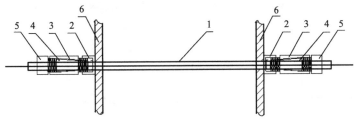

(f) 步骤六

图 2-59 玻璃纤维对拉螺杆及夹具加固体系的施工步骤（二）

1—对拉杆；2—顶紧螺帽；3—外筒；4—夹片；5—加固螺帽；6—模板体系；7—新浇筑混凝土

步骤七：浇筑混凝土。

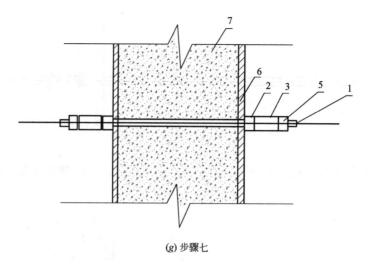

(g) 步骤七

图 2-59 玻璃纤维对拉螺杆及夹具加固体系的施工步骤（三）

1—对拉杆；2—顶紧螺帽；3—外筒；4—夹片；5—加固螺帽；6—模板体系；7—新浇筑混凝土

（3）无孔眼模板体系的设计

模板加固选用玻璃纤维对拉杆及分体式夹具代替普通对拉螺杆作为加固工具，以墙体为例，无孔眼模板体系如图 2-60 所示。

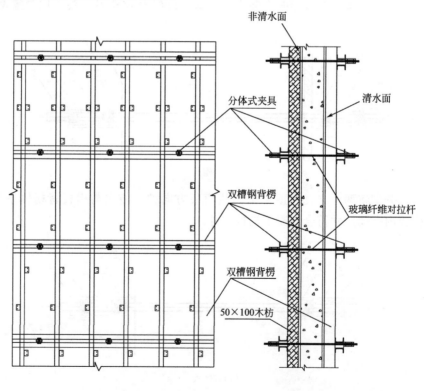

墙体模板支设正立面示意图　　　　墙体模板支设侧立面示意图

图 2-60 无孔眼模板体系安装示意图

进行模板加固设计时，须根据混凝土侧压力大小，选择合适的玻璃纤维对拉杆加固体系设置间距。在局部侧压力较大区域，根据需要加密玻璃纤维对拉杆加固体系或在玻璃纤维对拉杆端头设置双夹具。

（4）清水混凝土无孔眼模板体系对拉螺杆及夹具的应用

在模板吊装调整就位后，进行玻璃纤维对拉杆及分体式夹具的安装（图 2-61）。特别注意的是：玻璃纤维对拉杆及分体式夹具安装完成后，须用聚氨酯发泡剂将玻璃纤维对拉杆和模板孔洞间的间隙填补，以防止漏浆。

(a) 玻璃纤维对拉杆及分体式夹具的应用一

(b) 玻璃纤维对拉杆及分体式夹具的应用二

(c) 模板缝隙填补发泡剂   *(d)* 双夹具的应用

图 2-61 玻璃纤维对拉杆及分体式夹具的安装和应用

3. 工程应用效果

无孔眼模板体系在清水混凝土墙体、大截面清水构件中应用效果良好，经过后期对玻璃纤维对拉杆进行打磨处理，清水混凝土表面平整、色泽均匀、表观效果良好（图2-62）。

本工程采用玻璃纤维对拉螺杆进行模板的加固，与PVC管相比，施工后不用封堵孔眼；与直接采用钢筋相比，外观得到较大改善。该玻璃纤维对拉杆在施工后不会在表面产生锈迹，拆模后不会在混凝土外墙柱留下孔洞，有利于建筑物的保温隔热，使建筑物更加环保节能。

(*a*) 玻璃纤维对拉螺杆切割前实景

(*b*) 打磨处理后实景

图 2-62　无孔眼模板体系应用效果

2.3　超高层清水混凝土成品保护

2.3.1　清水混凝土模板成品保护

本工程清水混凝土施工时间长达两年，清水混凝土成型效果要求高，其模板的好坏决定了清水混凝土成型效果，清水混凝土模板成品保护对其模板的使用周转起着决定性作用。在本工程，针对清水混凝土模板产品保护采取了以下措施：

（1）新进场模板进行集中堆放保存，严格按照项目部限额领料制度领料使用。

（2）在加工场内对加工好的模板进行有效覆盖（图 2-63），避免因加工场作业对模板表面造成影响。

图 2-63　加工场内对模板覆盖

（3）加工好的模板堆放时在模板间设置防震隔离垫（图 2-64），避免模板间的机械损伤。

图 2-64　场内模板堆码防震

（4）模板施工时轻拿轻放，不准碰撞已完工的楼板、墙、柱。

（5）模板吊装时应安排专人看管，避免起吊过程对模板造成磕碰破坏。

（6）安装完成后的模板如不能及时浇筑混凝土，应对露天模板进行覆盖保护（图 2-65），避免其受日晒雨淋影响其表面效果。

（7）拆模时不得用大锤硬砸或用撬棍硬撬，以免损伤模板棱角并对混凝土造成影响。

（8）拆下的清水混凝土模板，应及时清理干净，如发现损坏变形需及时修理。

（9）模板在使用过程中加强管理，分规格堆放及时涂刷脱模剂。

（10）保护模板配套设备零件的齐全，吊运要防止碰撞，堆放要合理，保护板面不变形。

图 2-65　模板覆盖

（11）模板吊运就位时要平稳、准确，不得撞击楼板及其他已施工完成的部位，不得兜挂钢筋，用撬棍调整大模板时，要注意保护大模板下面的砂浆找平层或海绵条。

（12）模板与墙面粘结时，禁止用塔吊拉模板，防止将墙面拉裂。

（13）不得拆改钢框木模板有关连接插件及螺栓以保证模板质量。

（14）不允许在已支好的模板上挂、靠重物。

（15）模板卡子、螺栓、支撑不得任意取消或减少，严格按操作规程施工。

（16）模板几何尺寸经检查符合要求后，施工人员要特别注意不得任意修改、开洞等（图 2-66）。

图 2-66　模板尺寸检查

（17）采用泵送混凝土时活动泵管不得直接压靠于框架模板上，连接泵管在管路弯折处加强支撑和拉结，以防过大冲击力撞坏模板。

（18）拆下后不立即周转使用的模板应集中堆放，对清水混凝土钢框模板设置堆放架体堆放（图 2-67），放置模板被压坏。

图 2-67　钢框木模板现场堆码

2.3.2　施工过程中的成品保护技术

成都来福士广场工程建筑檐口高度 118～123m，饰面清水混凝土施工时间长达两年，较长的施工周期使得成品保护成为清水工程施工成败的关键。考虑到工程存在着大量型钢混凝土组合结构，钢结构焊接量大，常规多层饰面清水混凝土由于在施工中采用的塑料薄膜包裹的成品保护方式，存在着极大的安全隐患，已经不适用于高层清水混凝土工程施工，如何在安全的前提下确保高层清水混凝土工程的成品保护是本工程需要攻关的一项难题。为此，在施工过程中的成品保护方面采取了以下措施：

1. 细化设计方案

解决饰面清水混凝土结构成品保护问题的有效途径之一是优化设计方案。本工程饰面清水混凝土结构立面窗台均为铝板，为防止窗台的灰尘对窗下墙产生污染，和设计师沟通后，所有的窗台铝板均伸出外立面 2cm，并做滴水。

在屋顶设置外挑的屋檐是解决施工过程和使用过程中饰面清水混凝土污染的有效途径之一，屋檐下设置滴水，可以避免雨水冲刷饰面清水混凝土墙面，避免在墙面留下一道道流痕。

2. 优化平面布置及方案细节

为做好清水混凝土的成品保护，在清水外立面不得布置临时用电、临时用水的管道、塔吊、施工电梯的附着杆预埋件等，施工电梯需选择安装在非饰面清水混凝土的立面。当必须安装在饰面清水混凝土立面时，则采用楼板上预埋埋件，将附墙杆从窗洞口伸入楼层后进行附墙的方式。临时用水水管可采取与电梯附墙相同的方式与建筑物相连。若核心筒或非清水柱距塔吊较近时，可将塔吊附在核心筒墙体上，若必须附着在清水柱上，则需采用抱柱的形式进行附着，在抱箍和柱之间需垫橡胶皮，橡胶垫外部包一层维萨模板（图2-68）来保护清水混凝土，避免清水混凝土柱阳角破坏和表面被污染。

图 2-68　塔吊附墙处成品保护

　　外脚手架采用悬挑架时，悬挑工字钢不能压在清水混凝土梁面，需在梁内侧放置刚支墩或混凝土支墩，避免工字钢压坏清水梁阳角。为避免灰尘、污水等污染混凝土面，需在每次悬挑时采用模板、三防布进行全封闭，严禁污水、灰尘从该封闭楼层往下流（图2-69）。

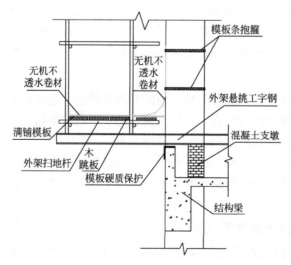

图 2-69　外立面成品保护示意

3. 注重过程控制

（1）拆模时确保不碰撞清水饰面混凝土结构，不乱扒乱撬，底模在满足强度要求后拆除。拆模前应先松开加固的扣件、螺栓（柱周围），拆下的模板应轻放。

（2）拆模后及时采用三防布（防火、防水、防霉）将混凝土进行包裹封严（图 2-70），以防表面污染。

（3）成品保护的三防布必须用专用纸胶粘贴于即将浇筑楼层的模板内侧，避免混凝土浇筑过程中流浆污染已完的清水混凝土面。

（4）成品保护的三防布搭接时应采用上面的三防布压下面的三防布，并采用宽胶布密封，但必须避免宽胶布直接与混凝土面接触（图 2-71）。

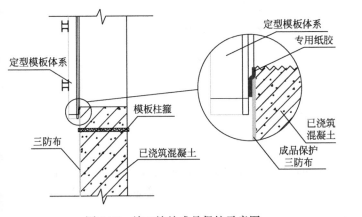

图 2-70　施工缝处成品保护示意图　　　　　图 2-71　成品保护薄膜接缝示意图

4. 加强协调配合

（1）与机电施工单位单位配合

饰面清水混凝土施工中，外立面一般会有景观灯、防雷接地点等机电预留预埋工作。在进行清水混凝土模板分格图深化设计过程中，需由土建技术人员和机电安装技术人员密切配合，要求机电施工单位在饰面清水混凝土模板分格图中标明灯具预留线盒、防雷接地点位置等信息，并经建筑师确认。在现场施工过程中，各单位负责人应密切配合，土建单位进行钢筋绑扎时需提前将灯具等线盒位置预留出来；在进行隐蔽验收过程中，各专业工种需相互交叉检查，确保预留预埋位置正确，避免预留偏位产生二次剔凿现象。

（2）与幕墙施工单位配合

由于饰面清水混凝土不能进行剔凿，各种预留预埋必须一次到位，预埋位置、质量符合要求，在混凝土浇筑前对预埋件的数量、部位、固定情况进行仔细检查，确认无误后方可浇筑混凝土。本工程梁柱主筋密集，钢筋骨架相对稳定，埋件预埋时，埋件需与梁柱主筋焊接。饰面清水混凝土开工前，由项目总工组织各专业的技术人员对清水混凝土构件上的预埋、预留情况进行统计汇总和协调，列出预埋、预留汇总表。在模板封闭和混凝土浇筑前，要求各专业技术负责人会签后方可施工。施工清水混凝土女儿墙时，要先对防雷接地做好预留预埋的策划。保证清水混凝土女儿墙上的防雷接地准确、布置均匀。饰面清水混凝土结构中的预埋件需埋设准确，预埋件表面距清水混凝土结构表面需保留 10mm 左右的距离，并在钢板上粘贴 10mm 厚的泡沫板或模板，模板拆除后，剔除泡沫板或模板即可进行后期施工（图 2-72）。

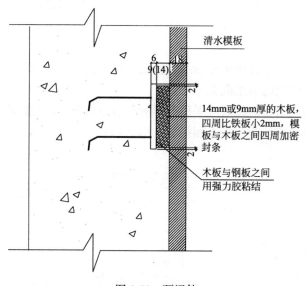

图 2-72　预埋件

采用吊篮进行幕墙、窗施工及清洗时，应使吊篮离墙、柱面有 400mm 左右的距离。同时，吊篮靠近墙面一侧应采用干净、不掉色的软布缠裹，防止吊篮撞坏清水混凝土墙面。

2.3.3　清水混凝土保护剂施工技术

1. 保护剂的选用及工序安排

根据本工程的特点，选用日本旭硝子保护剂对本工程的饰面清水混凝土进行保护，实现成都来福士广场浅色饰面清水混凝土的经久耐用。旭硝子保护剂施工过程包括基层处理、底漆、中层漆和面漆，其中底漆可进行颜色调整，中漆和面漆为透明涂料，但可在面漆中加入一定白色；中漆具有一定的防污染功能，面漆防污染功能较好。旭硝子保护剂施工前需保证混凝土养护期达到 28d 左右。

成都来福士广场工程为超高层结构，施工工期长、工期紧，考虑采用保护剂中层漆的防污染功能作为一道饰面清水混凝土成品保护措施，最终确定混凝土养护期达到 28d 左右即进行基层处理、底漆、中层漆施工，主体封顶外架拆除后进行一层中漆（根据污染情况确定中层漆的涂刷情况）、面漆施工。

2. 施工工艺流程

本工程清水混凝土保护剂分两阶段进行施工，第一遍保护剂调整材料、底漆和中漆，采取自下而上的施工方法；第二遍中漆和面漆，采取自上而下的方式施工。清水混凝土保护剂施工流程为：

（1）第 1 阶段：基层检查→修补→颜色调整→底漆→中层漆。

（2）第 2 阶段：灰尘、雨水流痕、施工过程中的污染痕迹等清洗→局部被污染范围的颜色调整→中层漆（第 2 遍）→面漆施工。

3. 保护剂施工前的成品保护

（1）饰面清水混凝土竖向结构的拆模时间可适当推迟，需保证待模养护时间达到

24h，气温较低时需保证36h，确保饰面清水混凝土具有足够的强度，在拆模过程中不会破坏。为保证拆模时不碰撞清水饰面混凝土结构，拆模前应先松开加固的扣件、对拉螺杆（柱周围），模板拆除时撬棍等工具不能直接与饰面清水混凝土接触，拆下的模板应轻放。

（2）拆模后先用塑料薄膜将混凝土进行封严，以防表面污染，塑料薄膜若有损坏应及时更换，以保证塑料薄膜的保护一直到对混凝土进行修复时止。成品保护的塑料薄膜必须用专用纸胶粘贴于即将浇筑楼层的模板下方，避免浇筑混凝土的过程中流浆污染成型混凝土面。

成品保护的塑料薄膜搭接时应采用上面的塑料薄膜压下面的塑料薄膜，并采用宽胶布密封，但必须避免宽胶布直接与混凝土面接触。

（3）满堂脚手架、外脚手架等拆除施工时，需采用废旧模板对周边的饰面清水混凝土进行覆盖保护，脚手架拆除时钢管、扣件等材料需传递并堆放整齐，严禁乱扔，避免损伤或污染清水饰面混凝土表面。

（4）人员可以接触到的部位以及柱、斜撑、梁的阳角等部位，拆模后在塑料薄膜粘贴硬塑料条保护，防止碰坏清水混凝土的阳角部位。合理选择通道口、施工电梯出入口的位置，尽量避开清水混凝土构件，特别是施工电梯出入口是人员、物料、手推车频繁进出的部位。当无法避开清水混凝土构件时，必须将构件用塑料薄膜全包裹保护，在构件阳角贴硬塑料条，并在地面1.5m以上高度的范围内用麻袋包裹保护。需要注意：当用麻袋包裹保护前必须确保用塑料薄膜将构件包裹严密，防止麻袋遇水掉色污染清水混凝土表面。

4. 保护剂中层漆施工后的成品保护

保护剂中层漆施工完后拆除外脚手架。外架拆除后，可采用防止高空坠物的防护棚进行成品保护，并在防护棚上满铺三防布。

2.4 特色饰面清水混凝土实施效果

通过无明缝无孔眼模板体系的研发与应用，模板加固牢固可靠、模板拼缝紧密平整、模板加固尺寸精确，各项指标均符合《清水混凝土应用技术规程》JGJ 169—2009 的要求。主体结构施工完毕后，饰面清水混凝土观感效果极好，混凝土构件尺寸精确，颜色、平整度、光洁度、禅缝等指标达到了预期效果（图 2-73），施工质量得到了建筑师、国内知名大学、科研机构、业内专家的高度认可。

通过饰面清水混凝土无明缝、无孔眼模板体系研制与应用的研制与应用，为公司培养了一大批技术骨干，同时该课题的成功研发极大地体现了中国建筑第三工程局有限公司在清水混凝土施工方面雄厚的技术实力与科技优势，在行业内外赢得了良好的口碑，增强了企业的竞争力。饰面清水混凝土无明缝、无孔眼模板体系研制与应用的研究成果不仅对民用、工用建筑等类似清水混凝土工程有很强的指导意义，而且对于公路、桥梁等也有借鉴指导作用。

图 2-73　梁柱接头细部表观效果

图 2-74　清水大面表观效果

图 2-75　工程整体表观效果

3

多重复杂结构施工技术

3.1　基于时变结构力学的施工全过程分析方法

3.1.1　模拟分析的基本力学理论

与正常使用状态不同，施工过程中的钢筋混凝土结构，是由柱、数层楼板和连接多层楼板的模板及其他施工辅助设施共同组成的临时性受力体系（图3-1）。此体系的基本特征将随着施工组织和施工工序（如混凝土弹性模量/强度的发展，上层混凝土结构绑扎钢筋、浇筑混凝土，下层模板支撑架拆除等）的进行而改变。

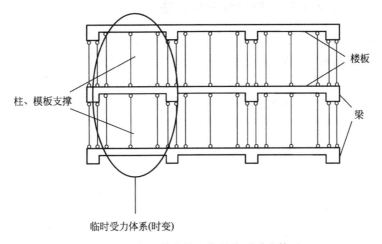

图 3-1　混凝土结构施工期的临时受力体系

由于在施工过程中，结构内部参数（如力学特性）随时间而变化，且其本身变化速率又不相同，需要在对结构施工过程分析中采用时变结构力学理论进行分析，使其更符合建筑施工中结构内部参数变化。

3.1.2　施工过程模拟分析方法

考察大悬挑结构的施工过程，随着施工的进行，大悬挑结构的约束条件、荷载工况、结构的整体刚度都在逐渐变化。图3-2为大悬挑结构的简化模型，Ⅰ为悬挑结构部分1层

61

结构，也就是悬挑结构的初始状态；Ⅱ为结构构件递增的下一状态，悬挑结构部分为1～2层结构，2层结构的内力和变形受到1层结构的约束，在进行结构分析时，悬挑结构在Ⅰ、Ⅱ结构构件交界处协调耦合；Ⅲ为悬挑结构的下一状态，受力基本原理同Ⅱ。需要指出的是：悬挑结构的新递增构件不一定就是结构的一层，也可以是几层或者多层结构。在大悬挑结构施工过程中，始终都伴随着内力重分布和结构的变形协调。

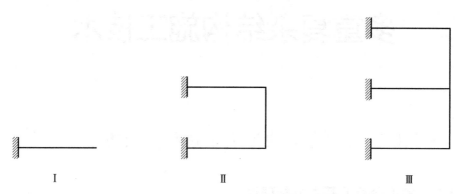

Ⅰ   Ⅱ   Ⅲ

图 3-2　悬挑结构施工过程简单示意

因此，对于大悬挑等复杂结构体系，利用阶段施工建模技术对施工过程进行模拟，遵循施工顺序依次形成各施工阶段结构的刚度矩阵并施加相应的荷载，同时考虑结构的非线性变形，即按阶段施工建模和求解依次进行，能够更加准确、真实的反映施工过程。

3.1.3　临时支撑体系卸载模拟分析方法

目前在大悬挑结构施工过程中，对临时支撑卸载过程的模拟分析主要有两种方法：方法一是在对临时支撑体系模拟分析过程中用等效反力代替临时支撑（图 3-3b），通过逐渐减小反力来模拟卸载过程，当反力减小为零时，卸载完成；方法二是利用有限元软件中的特殊单元（只压不拉单元：该种单元只能承受压力，不能承受拉力，当单元内部压力为0或者刚出现拉力时，退出工作，卸载完成）来模拟临时支撑，对临时支撑的卸载可以利用杆件承受温度荷载产生收缩进行模拟分析（图 3-3c）。

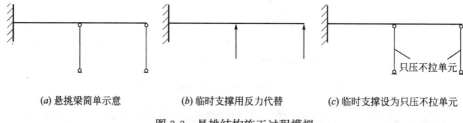

(a) 悬挑梁简单示意   (b) 临时支撑用反力代替   (c) 临时支撑设为只压不拉单元

图 3-3　悬挑结构施工过程模拟

基于上述方法二，目前对卸载模拟分析的计算方法主要包括：千斤顶单元法、间隙单元法、千斤顶-间隙单元法、支座位移法、等效杆端位移法、沙箱-间隙单元法等。

目前在工程中常用的卸载过程分析软件两类，一类是有利用 ANSYS 中的 LINK 单元模拟只压不拉单元，另一类是利用 SAP2000 V14 中的缝单元，将初始缝设置为0来模拟只受压而不受拉单元。

同时，临时支撑杆件的卸载可以利用温度的变化，使杆件承受温度荷载产生收缩来模拟。当临时支撑杆件受拉力时，支撑杆件与主体结构脱离，即卸载完成。

3.2 考虑与结构共同作用的支撑体系设计与施工技术

在复杂结构的施工过程中，通常需要先搭设临时支撑体系进行复杂结构的施工，直至上部复杂结构空间受力体系形成后，再对支撑体系进行卸载。从考虑支撑体系与结构共同作用的整体来看，相关的施工过程对支撑体系而言是先加载后卸载的过程。

在结构形成的过程中（即可视为对支撑体系的加载过程），支撑体系所承受上部体系作用荷载一般是处于单调增长的模式。因为随着结构整体受力体系的逐渐成型，材料和构件刚度的增长，材料发生收缩或相应的变形，部分荷载在施工过程中，将转为由已成型的结构所承担。即在一般情况下，即便有较强的支撑体系与结构共同作用，结构在施工过程中所承受的荷载也不应完全忽略。但同时也应注意，支撑直接承受荷载的增长和支撑以上部位施工荷载的增加之间的关系并非是简单的线性关系，而应表现出强烈的非线性变化特征。

在结构达到设计要求，支撑可以拆除时，对于支撑的受力为卸载的过程，而对结构，却是一个加载的过程，即此时的施工工序将会使得原支撑体系中所承担的所有荷载转而由结构所承担。卸载时体系的受力分析相对简单一些，如果在卸载时不涉及材料和结构整体的非线性发展，可将卸载的过程视为结构对象的线性加载过程。

在复杂结构施工选择支撑体系时，简单地将上部结构荷载考虑为由支撑体系直接承担或者仅考虑加载过程中的安全性，而忽略了卸载过程中支撑点受力的不规律变化，这是极其不合理的。在考虑支撑体系的设计荷载时，特别是对于一些特殊结构的转换位置构件的分析时，必须综合考虑复杂结构的施工成型过程及卸载过程，建立能与结构共同作用的支撑体系分析模型，利用时变的施工过程分析方法，对其进行准确的模拟分析，并选取其中的最不利情况进行支撑体系的设计与施工。如图 3-4 所示。

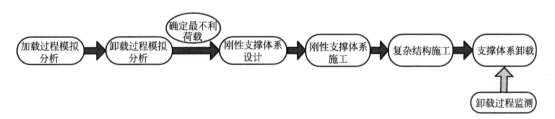

图 3-4 考虑与结构共同作用的支撑体系设计与施工流程图

3.2.1 支撑反力的确定

根据考虑与结构共同作用的支撑体系受力的基本特征，在考虑支撑体系的设计荷载时，需要同时考虑复杂结构的施工成型过程及对支撑的卸载过程，有必要对这两个阶段进行全过程的模拟分析，以取得在相应施工期内支撑体系的最不利荷载，以此为依据进行支撑体系的设计并引导施工。

以成都来福士广场 T2 区西侧大悬挑（图 3-5）为例：T2 西侧自 L12 层起为 10m 大悬挑结构，悬挑结构平面尺寸为 10.125m×28.000m，L12～L16 层为型钢混凝土转换结构，其西立面为普通混凝土构件、南北立面为清水混凝土构件。南北立面柱、斜撑、梁混凝土强度均为 C50，楼层内梁板混凝土强度为 C40。按设计要求，L12～L16 层型钢混凝土转换结构施工时，需设置临时刚性支撑，待转换结构受力体系成型后（即 L12～L16 层混凝土达到设计强度后），方可拆除下方临时刚性支撑，使结构荷载整体一次性加载于悬挑转换结构。

T2 悬挑结构水平投影位于电影院顶板范围内，施工 T2 悬挑结构时，利用电影院顶板搭设悬挑结构临时刚性支撑及钢管脚手架。

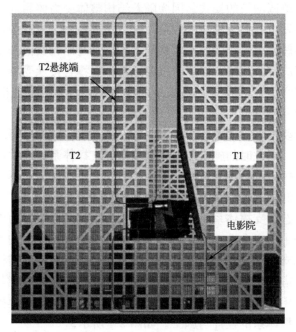

图 3-5 北立面效果图

1. 加载过程模拟分析

加载过程的模拟分析是以时变的施工力学为基础，按照阶段施工的方法，对模型整体进行层层加载，并考虑后一个施工工况的计算分析是在前一个阶段的受力特性的基础上进行的。

（1）支撑选型和平面布置方案

根据结构设计和施工工艺的需要，对支撑体系的整体承载能力要求接近 20000～30000kN，支撑面施工荷载在施工间约为 50～70kN/m²，对支撑面（电影院屋面）提出极高的要求，根据此荷载复核电影院屋面的设计承载能力，远远不能满足。因此使用常规的钢管脚手架和其他整体支撑架已经不太现实。根据对承载能力、支撑刚度及点位的要求，同时结合电影院屋面结构平面特点，支撑体系选择为型钢结构胎架，如图 3-6 所示。

（2）与结构共同作用的支撑体系分析模型概述

T2 大悬挑结构加载过程的力学模型按结构施工图构建，模型主要以 L12～L16 层（悬

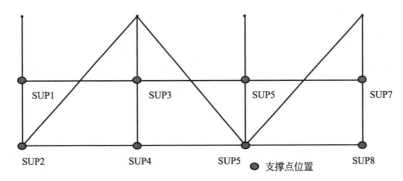

图 3-6　支撑体系支撑点平面位置示意图

挑结构转换层为 12～16 层）大悬挑转换结构作为主要的模型对象进行分析，考虑到结构的主体（T2 的主要构件）刚度较强，悬挑部分与主体连接部位（节点）的刚度也较大，为减小计算分析工作量，模拟分析时将 T2 主体视为对悬挑部分的有效支座，约束形式直接处理为刚性支承。由于在施工流程中，在 T2 悬挑体系施工时，T2 主体已经形成良好受力的体系，因此相应的模型简化方法，不会对悬挑结构体系的受力分析结果带来较大的影响。

共同作用体系的刚度分布对模型的临时支撑体系的受力有较大的影响，整体体系的刚度在施工过程中变化较大，且分布复杂，主要体现在三个方面：一是胎架自身的刚度，由于胎架由型钢构件组成，构件模型简单，因此，单纯对胎架刚度进行考察精度较容易得到保证；二是下承结构的刚度，即电影院楼面及以下作为胎架及悬挑体系在施工过程中的支座，若能有效分配支撑下传荷载，保证下承结构体系的受力在可接受范围内时，亦可保障下承结构在受力过程中维持在线弹性的范围内；三是上部悬挑体系自身的刚度，随着材料弹模的发展，构件的增加和整体性的发展，而显著时变的结构刚度特征。

因此，综合以上三个方面后，在施工期完整评估体系的真实刚度较为复杂，根据刚度变化的主要时变特征和考虑施工的特点，在分析时考虑两种情况进行，悬挑体系自身的刚度一种是刚性支撑，全刚性支撑会产生较大的支撑反力，以该支撑反力验算支撑胎架，保证施工过程中大悬挑结构的安全；另一种是弹性支撑，弹性支承方式将会改变施工过程结构形成中各层悬挑梁的内力分布，以最不利荷载情况进行施工过程悬挑结构本身的承载能力验算。由于分析过程中没有考虑板对刚度的增强，再加上材料的强化效应影响，结构实际刚度应该介于刚性和上述的弹性之间。为了保证悬挑结构的安全性，在加载过程中对支撑胎架反力选择刚性支撑的计算模式。

（3）分析荷载选用

模拟分析施工过程的荷载按施工过程中的实际荷载选用，按施工工艺过程加载。荷载的基本取值如下：

恒载：梁板柱自重按构件尺寸。

活载：施工活荷载为 $3.0 kN/m^2$（施工活荷载包括脚手架、模板自重，混凝土浇筑中的冲击荷载，施工过程中的临时堆载等，由现场提供数据确定）。

其他活荷载：$1.0 kN/m^2$（其他活荷载主要包括人群荷载）。

（4）数值分析中阶段施工分析工况定义及模拟计算

　　阶段施工是一种特殊的非线性静力分析类型，在分析过程中，必须考虑结构的非线性。用阶段施工加载过程来模拟大悬挑结构的施工过程，在施工过程中，悬挑结构的刚度、质量、荷载等是一个不断变化的过程，对定义的每一个施工阶段只进行一次分析，且后一次分次计算是在前一次分析计算结果的基础上进行，是一个静力非线性分析过程。分析对象是从一个初始的无应力状态开始，结构的刚度和质量是根据施工阶段来添加的，如图 3-7 所示。

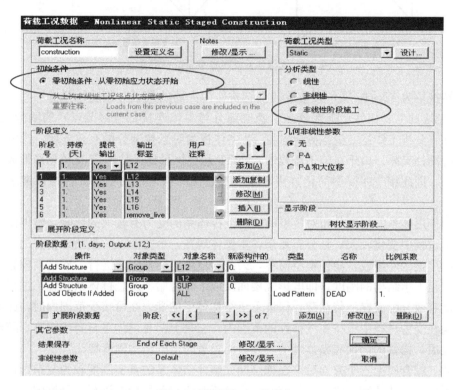

图 3-7　阶段施工工况定义

（5）大悬挑结构加载过程的模拟计算（层层加载模式计算）及计算模型如图 3-8 所示。

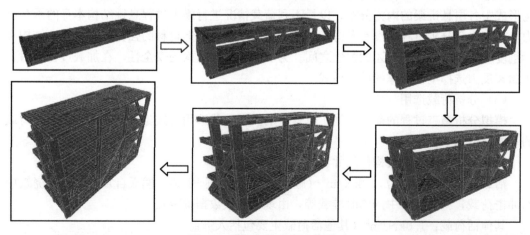

图 3-8　结构加载过程计算模型

加载过程中（即大悬挑主体结构的施工过程），SUP1-SUP8 支撑点的轴向反力模拟计算值见表 3-1。

支撑点反力模拟计算值（单位：kN）　　　　　　　　　　表 3-1

加载次数	SUP1	SUP2	SUP3	SUP4	SUP5	SUP6	SUP7	SUP8
1	320	250	300	424	229	423	293	221
2	628	281	413	711	510	879	521	421
3	899	500	470	971	562	1093	860	443
4	1122	1096	419	1841	512	1932	1124	981
5	1278	1263	466	2527	587	2267	1283	1263
6	1173	1355	573	2327	1130	1938	1192	1389
7	1006	1215	693	2030	1143	1653	1029	1268

通过表 3-1 可以看出，最不利荷载工况下，支撑点的最大反力出现在 SUP4，最大反力模拟值为 2527kN。该最大反力在第五次加载时出现，即 L16 层楼板刚浇筑混凝土，但结构自身还未开始受力时。虽然 L17、L18 层后续相继施工，荷载进一步加大，但转换结构已开始形成良好的受力体系，开始承担部分竖向荷载，并且随着主要施工荷载作用面的变换，因此在支撑体系内各支撑点荷载反而有所减小。

2. 卸载过程模拟分析

复杂结构的卸载是将临时支撑体系和主体结构共同形成的受力体系转换为由设计结构（大悬挑结构）独立受力的一个复杂的力学转换过程。卸载过程是临时支撑体系和主体结构相互作用的一个复杂过程，是临时支撑结构内力逐渐转移到主体结构和整个结构受力体系的内力不断重分布的过程。整体而言，复杂结构是由和临时支撑体系共同受力过渡到设计受力状态，即对复杂结构而言是加载过程；临时支撑体系由受力状态转换为不受力状态，即对临时支撑结构而言是卸载过程。但在此过程中，临时支撑体系内部各支撑点之间的内力重分布，将导致支撑体系内各支撑点的受力不规则变化。同时卸载过程是整个施工过程中非常关键的一个环节，在卸载过程中，整个结构受力体系极其复杂且影响施工安全因素较多，如卸载顺序和卸载下降量的确定等都会对复杂结构的施工质量和安全性产生较大影响。为了实现卸载过程中，结构内力的平稳有序的转化，对复杂结构的卸载过程进行精确模拟分析是不可或缺的。

复杂结构的卸载模拟分析是以施工力学为基础，按阶段施工方法，考虑后一个施工工况的计算分析是在前一个阶段的受力特性的基础上进行的，即在当前工况分析时考虑前面已经完成结构的应力和变形对后一分析工况的影响。在此过程中，支撑体系考虑为弹性支撑，弹性支承方式将会改变施工过程结构形成中各层悬挑梁的内力分布，从而实现卸载过程中的内力重分布过程。

T2 区西侧大悬挑结构卸载分析模型如图 3-9 所示，模拟分析 L12～L16 层的型钢混凝土大悬挑结构转换体系在卸载过程中的内力和位移变化情况，即大悬挑结构空间受力体系形成后的模型。

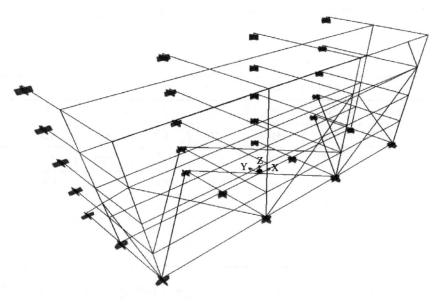

图 3-9　最不利工况下结构变形模态

（1）卸载基本原则

卸载过程中，模拟分析的主要对象为悬挑体系，此时的支撑体系可以视为悬挑体系的外作用力，如果卸载期相对较短，则可以不考虑此期间结构和材料自身的强度和刚度变化，即研究对象体系在合理的受力模式下，可以视为线弹性体系来进行分析期响应。但亦应注意以下几点：

1）受力体系转化会导致永久结构和临时支撑体系位移和内力不断地变化，设计结构和临时支撑体系的内力重分布是一个动态的过程，应保证位移和内力变化是缓慢平稳的。

2）保证临时支撑体系的安全性，单个支撑点的最大压力不宜超过加载过程中的最大压力，减小支撑体系的设计荷载，从而节约支撑体系投入。

3）施工期上承悬挑结构的内力和变形应控制在设计允许的相应范围内，避免构件在施工期和正常使用期间发生强度破坏或超过设计规定的挠度及裂缝。

4）临时支撑体系的拆除方案应安全可靠，同时易于控制和操作。

5）在满足以上条件的基础上，步骤应尽可能少，每次排砂量下降位移尽可能大，简化施工过程。

（2）卸载顺序模拟分析

采用砂箱-间隙单元法，并利用有限元分析软件 SAP2000 中的缝单元模拟整个卸载过程，将初始缝宽度设置为零来模拟只受压而不受拉单元。

根据 SAP2000 模拟计算结果，对本工程中的复杂结构卸载采用"位移和受力控制兼备，以位移控制为主"的主要控制思路，确定采用对称分步、循环微量下降的小位移卸载方法。根据所确定的卸载基本原则，T2 西侧大悬挑结构卸载模型采用大悬挑结构 L16 层混凝土强度达到设计强度的模型（大悬挑结构空间受力体系已形成）。对型钢支撑胎架的卸载过程中优先释放反力最大的 SUP4、SUP6 支撑点的反力，最后释放反力最小的 SUP3、SUP5 支撑点，短立柱对称切割后，大悬挑结构由砂箱支撑，通过砂箱排沙实现永久结构卸载，具体实施步骤为（图 3-10）：

第 1 步：SUP4、SUP6 支撑点通过温度变化使支撑点支撑杆件（定义为分单元，用于模拟砂箱）下降 4mm，对整个结构体系进行计算，获取各支撑点反力值。

第 2 步：SUP1、SUP7 支撑点通过温度变化使支撑点支撑杆件下降 4mm，对整个结构体系进行计算，获取各支撑点反力值，继续均匀缓慢下降支撑点杆件，直到与主体结构脱离，再计算各支撑点反力值。

第 3 步：SUP2、SUP8 支撑点通过温度变化使支撑点支撑杆件下降 4mm，对整个结构体系进行计算，获取各支撑点反力值，继续均匀缓慢下降支撑点杆件，直到与主体结构脱离，再计算各支撑点反力值。

第 4 步：SUP4、SUP6 支撑点通过温度变化使支撑点支撑杆件下降 4mm，对整个结构体系进行计算，获取各支撑点反力值，继续均匀缓慢下降支撑点杆件，直到与主体结构脱离，再计算各支撑点反力值。

第 5 步：SUP3、SUP5 支撑点通过温度变化使支撑点支撑杆件下降 4mm，对整个结构体系进行计算，获取各支撑点反力值，继续均匀缓慢下降支撑点杆件，直到与主体结构脱离，再计算各支撑点反力值。

第 6 步：SUP1～SUP8 支撑点临时支撑体系与主体结构脱离，模拟卸载完成。

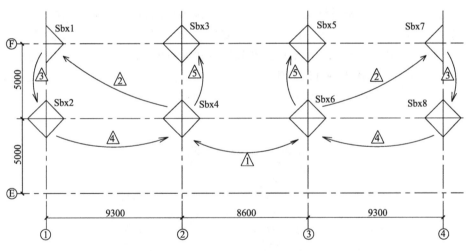

图 3-10　卸载平面换位示意图

模拟分析结果见表 3-2。

支撑点反力值（单位：kN）　　　　　　　　　　　　　　　表 3-2

卸载次数	SUP1	SUP2	SUP3	SUP4	SUP5	SUP6	SUP7	SUP8
1	761	585	649	1113	751	1149	611	510
2	255	408	583	1078	747	513	281	424
3	0	281	462	332	713	345	0	228
4	0	0	317	175	420	211	0	0
5	0	0	178	0	211	0	0	0
6	0	0	0	0	0	0	0	0

　　根据上述结构卸载方法，第一次循环由加载过程中受力较大的支撑点开始逐步向受力较小的支撑点过渡，由于受力较大支撑点的结构在卸载过程中内力及位移均变化较大，为保证结构有足够时间进行内力重分布、控制结构变形，在第一次循环中受力较大的支撑点（如T2大悬挑中的SUP4、SUP6）仅释放一部分荷载，不直接与结构脱离，第一次循环完成后再进行第二次循环，此时与结构脱离，完成卸载。此卸载方式保证了卸载过程中支撑体系承担的荷载有序地向主体结构当中转移，在卸载过程中各支撑点的受力均呈现下降的趋势。

　　由此，通过与结构共同作用的支撑体系全过程模拟分析，确定了支撑体系在整个复杂结构施工过程中的最不利荷载，以此来进行支撑体系的设计与施工。

3.2.2　支撑体系的设计与施工

1. 支撑体系的设计

　　参考钢结构中大跨度结构施工时采用的刚胎架支撑体系，本工程临时支撑体系选用刚胎架体系。为保证支撑胎架受压变形值符合设计及规范要求，支撑胎架要具备足够刚度；为防止支撑胎架平面外失稳，根据支撑胎架长细比在支撑胎架之间加设连系杆件，同时将胎架底部与混凝土屋面连接牢固。在满足施工安全的前提下，尽量减少支撑胎架使用量，节约施工成本。卸载过程中的对称分步、循环微量下降通过专利技术——砂箱来实现。

　　（1）以T2区西侧大悬挑结构为例，根据本悬挑结构的特点，临时支撑体系为刚支撑胎架。钢支撑胎架用T型钢和H型钢作为支撑的主要构成元素，立柱为H488mm×300mm×11mm×18mm型钢、水平杆件和斜向支撑为T250mm×125mm×8mm×14mm型钢；型钢支撑底座采用双拼H型钢H588mm×300mm×12mm×20mm钢梁；型钢支撑顶部采用588mm×300mm三腹板十字箱型梁。如图3-11所示。

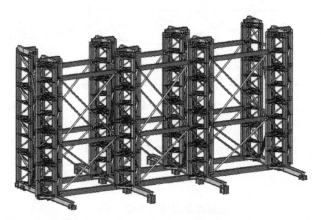

图3-11　型钢支撑胎架有限元分析模型

　　（2）支撑胎架的受力模拟分析

　　利用有限元软件Midas Gen建立分析模型，对型钢支撑胎架进行设计和计算，并对型钢支撑的承载力和稳定性进行验算。支撑体系的结构形式由立杆、斜撑、水平撑、端部结构和底座等部分组成。立杆为结构体系中承担荷载的基本单元和受力主体，主要承担竖向荷载，柱间斜撑主要承受水平剪力，是型钢支撑胎架整体刚度的重要保证构件。

　　1）主要构造与材料

根据工程特点和现场实际条件，刚性支撑架由立杆、斜撑、水平撑、端部结构和底座等部分组成，构件的截面见表3-3。立杆为本结构体系中承担荷载的基本单元和受力主体，主要承担竖向荷载；柱间斜撑主要承受水平剪力，是刚性支撑架整体刚度的重要保证构件。

各部位设计截面汇总 表3-3

编号	部位	构件截面
1	立柱	H488mm×300mm×11mm×18mm
2	水平撑、斜撑	T100mm×200mm×8mm×12mm
3	端部	H588mm×300mm×12mm×20mm 两边焊接钢板，使形成箱形梁
4	底座	H588mm×300mm×12mm×20mm，组合型钢(两个 H588mm×300mm×12mm×20mm 通过焊接翼缘组合成箱形截面)

本工程选材的各项性能指标，见表3-4。

材料及其力学性能 表3-4

序号	性能	指标/参数	序号	性能	指标/参数
1	钢材牌号	Q235	3	剪变模量	$7.9×10^4 N/mm^2$
2	弹性模量	$2.06×10^5 N/mm^2$	4	泊松比	0.30

2) 荷载工况

对型钢支撑胎架的设计及分析所涉及的荷载工况包括 3 种类型，主要考虑恒载(DL)、活载(LL)、风荷载等作为设计荷载依据，见表3-5。

设计工况汇总 表3-5

项目	符号	名称	说明
1	DL	恒载	1.型钢支撑胎架的自重(理论重量)； 2.楼层传递给型钢支撑的荷载按实际计算模拟值取值
2	LL	活荷载	考虑施工活荷载 $1.5kN/m^2$
3	W	风荷载	按该地区 10 年一遇的基本风压 $W_0 = 0.2kN/m^2$ 考虑

3) 边界条件

柱脚约束：柱脚采用预埋钢板，与刚性支撑体系箱梁之间采用焊接连接，计算时考虑为固定铰支座。

构件边界条件：构件的连接均采用焊接连接，计算时视为刚性连接。

4) 各工况组合详(表3-6)

工况组合表 表3-6

编号	各工况组合系数				备注
	DL	LL	W_x	W_y	
1	1.35	0.98			
2	1.2	1.4			

续表

编号	各工况组合系数				备注
	DL	LL	W_x	W_y	
3	1.2	0.98	1.4		
4	1.2	0.98		1.4	
5	1.2	0.98	−1.4		
6	1.2	0.98		−1.4	
7	1.2	1.4	0.84		
8	1.2	1.4		0.84	
9	1.2	1.4	−0.84		
10	1.2	1.4		−0.84	
11	Cenv				1～10 工况组合包络

5）计算分析结果

① 支撑体系内力分布

根据计算结果可知，在最不利工况 Cenv（CBSall，1～10 工况组合的包络）下，刚性支撑架立杆、斜撑的内力以轴力为主，最大拉力为 96.467kN（部分水平支撑上），最大压力为-2655.490kN（部分短柱上）；梁内力以剪力和弯矩为主，最大弯矩为 702.658kN·m（端部梁的跨中），最大的剪力为−891.935kN（端部梁上）。

② 支撑体系荷载反应

最不利工况组合 Cenv 下，刚性支撑架的应力和变形模态如图 3-12 所示。根据计算结果可知，支撑体系最大拉应力约为 39.319N/mm²，最大压应力约为−121.254N/mm² < f=215N/mm²，x 向变形为 5.305mm、y 向变形为−5.170mm、z 向变形为−7.053mm，变形矢量和为 7.931mm，满足规范要求。

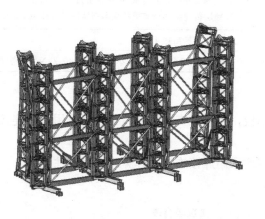

图 3-12 最不利工况下结构变形模态

③ 支撑体系应力比

在最不利工况组合 Cenv 下，刚性支撑架大部分构件应力比在 0.5 以下，构件最大屈服应力比不大于 0.7，满足规范要求。

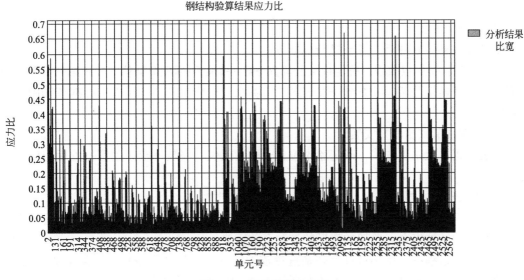

图 3-13 结构构件应力比

④ 整体稳定性分析

整体稳定性是结构的重要特征，反映了结构的整体刚度，同时对具体构件计算长度系数有一定影响。本次计算采用 Midas 提取最不利工况组合下结构 1～6 阶屈曲模态，计算时考虑应力刚化作用，各阶模态对应的屈曲因子见表 3-7。最小的第一阶屈曲因子为 3.05＞3，表明结构具有较好的整体稳定性能。

各阶模态对应屈曲因子　　　　　　　表 3-7

SET	TIME/FREQ	LOAD STEP	SUB STEP	CUMULATIVE
1	3.051237	1	1	1
2	3.075823	1	2	2
3	3.102576	1	3	3
4	3.161368	1	4	4
5	3.228072	1	5	5
6	3.25992	1	6	6

2. 支撑体系的施工

（1）支撑胎架的安装

为了保证支撑胎架能够满足现场的施工需要，并能够根据现场实际施工作业情况进行调整，型钢胎架采取现场制作、组装。支撑胎架构件加工完成后，需要对各杆件进行编号并标识清楚，以确保现场制作、组装的准确性。

型钢柱、型钢梁的连接严格按胎架计算模型设计，采用刚接节点，即腹板、翼板均焊接，焊接质量保证结构等强。非标准节区域焊缝主要以全熔透焊缝为主，标准节区域以角焊缝为主。

1）底部短立柱安装

安装流程：全站仪放线，确定底部短立柱位置→底部短立柱就位、安装→短立柱调整→

与预埋件焊接。

2）标准节安装

安装完底部短立柱后，逐节进行标准节安装。

安装流程：全站仪放线，确定标准节位置→第一个胎架标准节就位→校正第一节胎架→与底梁焊接→连接胎架间联系梁→安装第二节标准节→依次安装校正以上标准节和胎架间联系梁。

3）胎架顶节（胎帽）安装

安装流程：全站仪放线，确定胎帽位置→胎帽就位、安装→校正胎帽位置后与标准节焊接。

4）胎架安装的测量监控

胎架在安装以及整个结构受力阶段，竖向和侧向均会发生位移，此位移的变化大小直接影响胎架的结构安全，胎架的变形的控制至关重要。

胎架安装过程中，胎架自身特别是重量较大构件，严禁随意搁置在混凝土楼板面上，若需放置在楼板面上需经项目技术人员批准并做相应的防护处理；胎架分段分节安装时，必须保证下节胎架安装就位，与稳定体进行焊接并拉设相应揽风固定后方可进行上节胎架安装；在胎架安装施工中对胎架进行变形观测，发现异常情况及时停止施工，查明原因进行必要加固后方可继续施工。胎架标准节间的连接若存在不平整的地方，须用楔铁进行调整，以保证上部标准节的垂直度，标准节基座之间的缝隙需用电焊连续焊接填满。

（2）支撑胎架的应力应变监测

监测刚性支撑架在施工过程中受力变形，可以反映其上部混凝土悬挑结构施工过程中整体变形，保证施工过程的安全性；根据监测数据，与模拟分析结合可以确定刚性支撑架合理、安全的拆除时间，优化施工方案。

T2西侧大悬挑结构刚性支撑架由八根型钢格构柱和相应的柱间水平横撑构成，格构柱主要承受施工过程中（包括卸载）的施工荷载（悬挑结构自重和施工活荷载），横撑主要作用是将八根格构柱连成整体，确保支撑架侧向稳定性。刚性支撑架实体监测针对八根格构柱进行竖向受力变形监测，反映施工过程中荷载传递以及刚性支撑架受力稳定性。

1）测点布置

根据格构柱位置和受力特点，即同一标高位置受力的不同以及同一根柱子不同标高处受力的不同等，确定测点的位置（图3-14）。

图中圆点标示测点埋设的平面位置。沿格构柱高度方向，埋设三道测点，分布在柱子底部、中部、端部，同时避开横撑所在的位置，具体埋设位置：每根格构柱均由四段短格构柱和一个柱头组成。沿格构柱从下往上，测点埋设在第一段短柱底部1/4处、第三段短柱底部1/4处和第四段短柱顶部1/4处。所有点均埋设在工字钢腹板中心位置，竖向埋设。

2）仪器的选择及埋设方法

① 仪器的选择

考虑现场环境的复杂性、不确定性、测试周期较长和仪器的性能以及可操作性，拟选用振弦式钢表面应变计进行监测，配套读数器读数。

② 仪器埋设方法

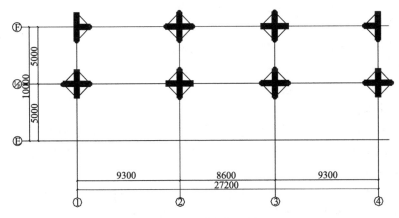

图 3-14　测点布置图

选用振弦式钢表面应变计，其埋设方法如下：

焊接应变计安装底座：在焊接过程中，焊枪温度不能太高，否则底座会发生卷曲，容易造成数据不稳定。焊接过程中，确保底座紧贴型钢表面，三点焊牢即可。

安装振弦式钢表面应变计：安装过程中，适当调节应变计读数。读数太大，易造成读数不准；读数太小，易造成量程不够，不能满足变形要求，建议控制在 $3000\mu\varepsilon$ 左右。安装前后，须检查应变计读数是否稳定。

测点保护：由于施工环境较复杂，应变计安装好以后容易受到人为等因素的影响而发生读数突变，甚至破坏，需要做好必要的保护。

3）读数

主要根据施工工序进行读数，刚性支撑以上主体结构施工主要控制工序：

① 刚性支撑架以上第一层梁板结构模板铺设；

② 刚性支撑架以上第一层梁板结构钢筋绑扎；

③ 刚性支撑架以上第一层梁板结构钢筋混凝土浇筑；

④ 刚性支撑架以上第二层梁板结构模板铺设；

以此类推

除此之外，大型设备或大宗货物吊装前后各读数一次；胎架安装期间，每增加一节胎架须读数一次。

每道工序在持续时间内，24h 至少监测一次数据，并根据实际情况，及时加测数据。读数时，应详细记录施工工况。

及时整理数据，以便及时发现刚性支撑架受力过程中出现的异常。

（3）胎架卸载施工

卸载顺序遵循先大后小、先远后近、先多后少的原则进行卸载。根据模拟计算，结合现场实际需求，卸载过程中每次卸载位移控制在 2～3mm，模拟分析中超过 3mm 的卸载位移均拆分为数次进行，期间间隔 15min：

① 卸载步骤 1：短立柱切割 100mm；

② 卸载步骤 2：Sbx4、Sbx6 排砂下降 2mm；

③ 卸载步骤 3：Sbx4、Sbx6 排砂下降 2mm；

④ 卸载步骤 4：Sbx1、Sbx7 排砂至结构脱离；

⑤ 卸载步骤 5：Sbx2、Sbx8 排砂至结构脱离；

⑥ 卸载步骤 6：Sbx4、Sbx6 排砂至结构脱离；

⑦ 卸载步骤 7：Sbx3、Sbx5 排砂下降 3mm；

⑧ 卸载步骤 8：Sbx3、Sbx5 排砂至结构脱离。

⑨ 支撑点拆除。

卸载工作每进行一步，需对刚性支撑内力进行监测，如刚性支撑内力超过允许值，则须分析情况，调整卸载步骤。卸载期间以及卸载完成后，需对结构做实时监测。

（4）胎架的拆除

胎架完全卸载后，为配合其他专业的施工，胎架应尽早拆除。此时悬挑结构已施工完成，拆卸胎架难以用塔吊进行拆除，因此选用手动葫芦进行拆除后利用塔式起重机吊至现场地面。

胎架拆卸自上而下，先拆除胎架顶节后方可拆除胎架标准节，最后拆除底部短立柱，完成胎架的拆除。在结构施工过程中，预先在 L12 层楼板上留设 50mm 的洞口，用于固定葫芦，拆除顶节时，用钢丝绳和葫芦将顶节垂直挂紧，并使顶节与标准节脱离，然后利用葫芦将顶节垂直放下，再用小车将型钢转移至指定位置，最后利用塔式起重机将其放置地面。标准节的拆除与顶节的拆除类似，利用葫芦和钢丝绳将标准节挂紧，并使标准节分离，然后利用葫芦将标准节垂直放下，再利用小车将标准节转移至指定位置，最后利用转塔吊将其放置地面。如此完成标准节拆除。

待胎架上部结构拆除完成，并转运至指定位置后，可进行底部短柱的拆除作业，拆除时，将短柱与楼板预埋件分离，然后利用小车将型钢转运至指定位置，再利用塔吊将其转走。

3.2.3 多重复杂结构体系施工期受力性能分析、实测及控制

大悬挑、大开洞结构在施工过程中，需在其结构下部设置临时支撑体系，待大悬挑、大开洞结构整个空间受力体系形成后才对结构进行卸载。施工过程中，整个结构由临时支撑体系和设计结构共同受力转变为设计结构受力状态，整个过程是内力不断重分布过程，也是大悬挑、大开洞结构施工的关键环节。因此，有必要对大悬挑、大开洞结构进行模拟分析，使其更加符合结构实际受力情况，在此基础上，合理安排施工组织、合理控制结构位移，确保结构安全可靠。

以 T2 高位悬挑为例，通过对比按施工工艺过程加载与结构设计建模一次加载的这两种加载方式对结构的影响进行分析。着重于其施工期结构受力性能分析、实测及控制：

1. 支撑设置对结构影响的分析与控制

（1）T2 高位悬挑概况

T2 西侧自 L12 层为型钢混凝土高位悬挑结构（图 3-15），悬挑结构平面尺寸为 10.125m×28.000m，L12～L16 层型钢混凝土转换层，西立面为普通混凝土构件（部分钢结构），南北立面为清水混凝土构件。L12～L16 层型钢混凝土转换结构施工时，须设置临时刚性支撑（图 3-16），待转换结构形成空间整体受力后（L12～16 层混凝土达到设计强度），方可拆除下方临时刚性支撑。

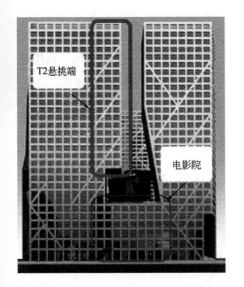

图 3-15 T2 高位悬挑立面图效果图

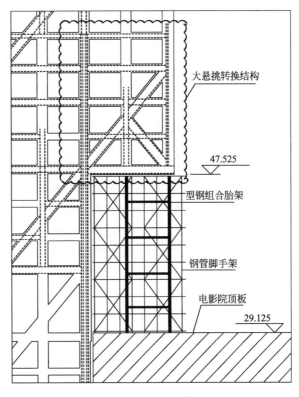

图 3-16 高位悬挑支撑体系示意图

（2）分析模型概述

为简化分析工作量，将 L12～L16 层悬挑体系作为独立的模型体系进行分析，悬挑体系与 T2 主体之间的联结处理为刚性支承。在 T2 主体已经形成受力良好的体系之后，对此造成的误差较小，不会对悬挑体系的受力带来大的影响。施工过程模拟的荷载按施工过程中的可能实际荷载选用。

1）加载模式

① 加载模式一：按施工工艺过程加载。

② 加载模式二：按整体模型一次加载。

2）支撑模型

① 模型一：刚性。全刚性支撑会产生较大的支撑反力，以该支撑反力验算支撑胎架和下部支承梁，保证施工安全。

② 模型二：弹性。弹性支承方式将会改变施工过程结构形成中各层悬挑梁的内力分布，以最不利者进行施工过程悬挑结构的承载能力验算。Sup1、2、7、8 下支撑下承于柱，只考虑胎架本身弹性变形；其余支承 Sup3、4、5、6 以最柔模式考虑，即只考虑胎架及下承梁弹性变形。

由于分析过程中没有考虑板对刚度的增强，再加上材料的强化效应影响，结构实际刚度应该介于刚性和上述的弹性之间。

（3）施工模拟分析

分析下承梁（即电影院屋面梁）的内力及变形情况、卸载位移值，以及施工模型（逐

77

层加载）与设计模型（一次加载）二者间悬挑结构内力分布差异。

弹性支承模式将使得施工过程中悬挑结构内力分布（逐层加载）不同于设计模型下的内力分布，以此最不利情况进行施工过程悬挑结构的承载能力验算。

（4）支撑设置对结构影响的分析

1）支撑设置对 T2 高位悬挑结构的影响分析

分析转换结构未形成空间整体受力体系前，支撑弹性变形对悬挑结构内力分布的影响。按弹性支承体系进行施工全过程分析，并与设计模型（一次加载）进行对比。

支承体系刚度系数的选择：支撑胎架按实计算，下承梁不计板对刚度的增强，选用相对较弱的刚度系数，以在更大的程度上增强施工过程的不利影响，保证体系的安全。

从图 3-17 和图 3-18 可知，在设定的支撑刚度下，L12 层边梁弯矩因为支承位置的弹性变形，而产生一个施工附加弯矩值约为 $713-584=129kN \cdot m$。尽管施工模拟比一次性加载会产生更大的支撑反力，但由于卸载时体系已经成型，因此后续的影响效果并不明显。

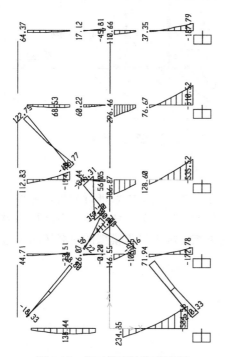

图 3-17　施工模型结构弯矩图

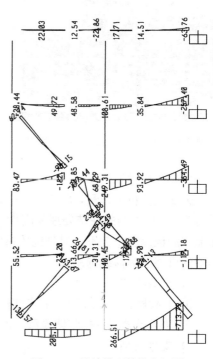

图 3-18　设计模型结构弯矩图

经对比可以认为施工附加弯矩及截面的可能承受弯矩与构件承载能力相比较，该附加弯矩值相对较小，经设计单位确认，可以忽略对应的施工过程对结构受力的不利影响。

2）支撑设置对下承梁的影响分析

大型胎架支撑设置于电影院屋面上，拟采用钢管柱对支撑下承梁——电影院屋面梁进行加固处理（图 3-19），需要分析支撑下承梁的承载情况。

选择梁上最大支承反力施加于下承梁上（在加载、卸载模式中独立选择各点最大值），建立整体模型分析（考虑到支撑体系的有效性，按单竖杆支撑模式建立模型）。荷载考虑结构自重及刚性支撑传下荷载，主梁弯矩分布如图 3-20 所示。

图 3-19　下承梁加固图

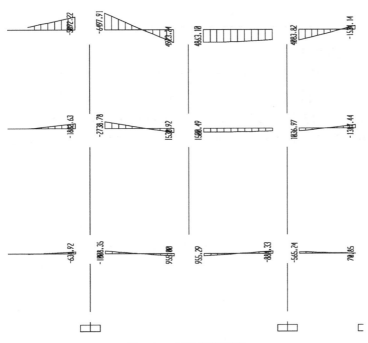

图 3-20　下承梁弯矩图

经过计算表明，梁的变形可以利用，弹性支座的采用相当于层层卸载模式，但足够的支座刚度又使得 L12、L13 层的施工附加弯矩不至于有较大的增加。

在利用梁的变形后，作用在支撑及梁上的力将会有一个较大程度的减小，可能会下降 30% 左右，这使得梁和胎架的强度在以刚性支撑为作用力的计算模式下是足够安全的。

支座负弯矩：6498kN·m，对应钢筋应变 1.1×10^{-3}；跨中弯矩：4923kN·m，对应钢筋拉应变 1.1×10^{-3}。

按此参数对下承梁的截面承载能力进行评估，梁的变形及强度均在要求范围内。

(5) 支撑设置对结构影响的控制

1) 支撑设置期间悬挑结构施工控制

L13 层梁板混凝土浇筑前,须完成电影院加固、高支模钢管架支撑拆除。

为使结构整体荷载不超过刚性支撑承载力,各楼层混凝土达到设计强度后,须及时拆除架体,并将各架料清理干净,见表 3-8。

T2 高位悬挑施工组织要点 表 3-8

工作内容	前提工作	备注
L12 层开始结构施工	胎架、高支模脚手架搭设完成	1. L12 层、L15 层、L16 层清水梁柱混凝土由 C50 提高至 C60,普通梁板混凝土由 C40 提高至 C50; 2. 为连续施工需要,L16 层混凝土浇筑完毕后,等待 L16 层混凝土强度以确保结构卸载的期间,L17 可留设施工缝先行施工东侧局部; 3. 依据同条件试块的强度等级确定高支模架体、胎架支撑的拆除时间; 4. 施工中,须严格控制施工荷载,不得超过设计施工荷载
L13 层混凝土浇筑前	电影院承力梁加固完成	
L14 层混凝土浇筑前	L12 下高支模脚手架拆除完成	
L15 层混凝土浇筑前	L13 层下脚手架拆除完成	
L16 层混凝土浇筑前	L14 层下脚手架拆除完成	
L17 层(悬挑段)结构施工前	1. L15 层下脚手架拆除完成; 2. 结构卸载完成; 3. L15 层以下楼层清理完毕	

2)支撑设置期间的下承梁加固

钢结构临时支撑胎架底部布置在电影院顶板上,八个支撑点中,Sup3、Sup4、Sup5、Sup6 对应的位置为电影院顶板的两根尺寸为 1000mm×1400mm 的梁,此四个点在电影院 L5 对应投影的位置为两根尺寸为 800mm×1200mm 的梁,Sup3、Sup5 在电影院 L3 层的投影位置为柱顶,Sup4、Sup6 在电影院 L3 层的投影位置为 700mm×900mm 的梁。图 3-21 为电影院屋面设计图。

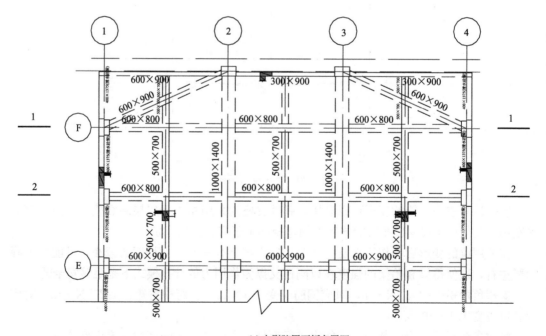

(a)电影院屋面板布置图

图 3-21 电影院屋面设计图(一)

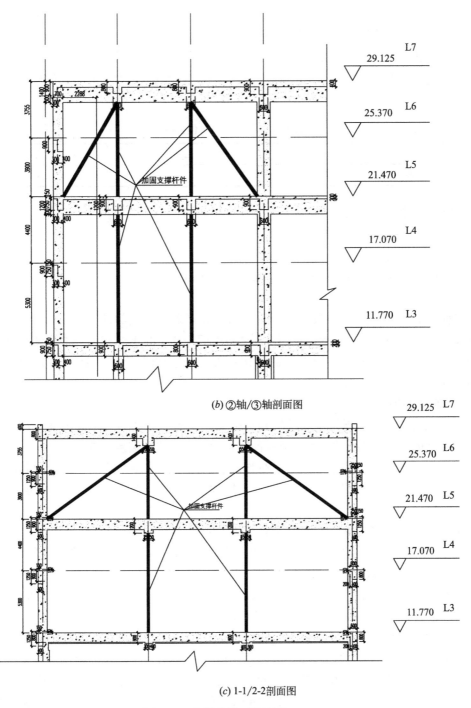

(b) ②轴/③轴剖面图

(c) 1-1/2-2剖面图

图 3-21 电影院屋面设计图（二）

按照下承梁影响分析，支撑点 Sup3、Sup4、Sup5、Sup6 荷载超过电影院结构承载力，需要对这四个点的受荷结构进行加固。

荷载传递可如下考虑：由 Sup3、Sup4、Sup5、Sup6 传下的荷载，由电影院顶板梁、L5 层楼面梁、L3 层楼面梁共同承担。

加固所用杆件为 $D245 \times 8$ 圆钢管。

2. 支撑拆除对结构的影响分析与控制

（1）卸载对结构影响的分析

按刚性支撑模式，分析支撑拆除（卸载）后，各支撑点对应的卸载结构发生的最大可能位移见表 3-9。

卸载位移记录表（单位：mm）　　　　　　　　　　　表 3-9

支撑编号	Sup1	Sup2	Sup3	Sup4	Sup5	Sup6	Sup7	Sup8
卸载后结构对应位移	1.95	2.90	7.39	7.80	7.57	7.54	1.95	2.89

故结构可能发生的位移由于受弹性支承影响，均会小于上表。

（2）卸载对结构影响的控制

1）卸载控制思路

以变形控制及应力监测为核心，测量控制为手段，确保悬挑结构安全，防止冲击荷载对结构造成永久损伤。

位移控制主要是通过砂箱进行控制，所采用的砂箱能承受的最大吨位为 600t，通过排砂量实现结构的微量下降。受力控制主要通过 SZZX-B150B 振弦式钢表面应变计进行施工现场同步监测实现，可以准确了解被测构件的受力-变形状态，并具有灵敏度与精度高（精度为 $10^{-6}\mu m$）等特点。

2）卸载总原则

① 受力体系转化会导致永久结构和临时支撑体系位移和内力不断地变化，主体结构内力的重分布是一个动态的过程，应保证位移和内力变化是缓慢平稳的。

② 劲性混凝土结构的应力状态应在弹性范围内变化并逐渐趋于设计受力状态，结构的内力和变形应控制在设计范围内，避免构件发生强度破坏、超过设计规定的挠度及裂缝。

③ 临时支撑体系的拆除方案应安全可靠，利于控制和操作。

④ 在满足以上条件的基础上，步骤尽可能少，每次排沙量下降位移尽可能大。

3）支撑拆除（卸载）工艺的选择

转换结构卸载具有单点卸载吨位大（最大 270t）、卸载位移小（1.95～7.8mm）的特点，综合考虑成本、操作经验，选择大吨位砂箱卸载工艺。

4）卸载步骤确定

根据所确定的卸载总原则，卸载模型采用上节中最后一次加载的模型（大悬挑结构空间受力体系已形成）。经过反复的计算和模拟分析，确定采用分区对称分阶段小位移卸载方式。卸载过程中优先释放反力最大的 Sup4、Sup6 支撑点的反力，最后释放反力最小的 Sup3、Sup5 支撑点，短立柱对称切割后，大悬挑结构由砂箱支撑，通过砂箱排沙实现永久结构卸载。

短立柱切割 100mm→Sbx4、Sbx6 排砂下降 2mm→Sbx4、Sbx6 排砂下降 2mm→Sbx1、Sbx7 排砂至结构脱离→Sbx2、Sbx8 排砂至结构脱离→Sbx4、Sbx6 排砂至结构脱离→Sbx3、Sbx5 排砂下降 3mm→Sbx3、Sbx5 排砂至结构脱离，卸载完毕。如图 3-22

所示。

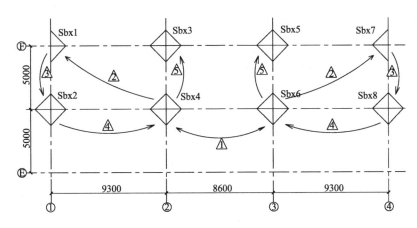

图 3-22　卸载换位平面示意图

5）卸载监测

卸载工作进行的每一步，均需对刚性支撑内力进行监测。如刚性支撑内力超过允许值，则须分析情况，调整卸载步骤。卸载期间以及卸载完成后，需对结构做实时监测。

6）卸载操作要点

① 砂箱下降的协调一致与每级的释放量是保证安全释放的重要环节。地面设一个总指挥，每个卸载点上设技术人员，总指挥主要负责每级释放的发号施令以及监测数据的汇总，技术人员主要监看砂箱的工作状况。

② 为控制每级释放量，事先在砂箱上标定刻度，下沉量以砂箱的绝对缩短量控制，而非结构的下沉量。

③ 释放到位标准：节点底部出现间隙，砂箱仍可下降，且节点顶面标高不再变化。

④ 短立柱切割顺序必须遵循：先切割外侧胎架上的短立柱，后切割内侧胎架短立柱；单个胎架上的短立柱按照对称切割；单个短立柱切割应由两侧翼缘板向腹板方向进行切割。

⑤ 卸载过程中，布设专人对应力较大的焊缝受力部位在每个分级卸载步骤完成后进行过程检查，若发现异常，应停止卸载工作，上报项目相关部门妥善处理。

（3）支撑拆除期间结构受力性能监测

分别在支撑拆除（卸载）期间对 T2 高位悬挑支撑点处结构进行了位移监测、施工全过程中对悬挑关键构件进行了结构变形监测以及构件应力监测；及时了解结构受力状况，跟踪控制支撑拆除（卸载）期间以及施工全过程中结构的安全。

1）支撑拆除（卸载）期间结构位移监测

按卸载顺序每步放砂后皆进行悬挑转换结构变形监测及应力监测、胎架应力监测。卸载过程中的结构变形实测值见表 3-10。

对比分析中各支撑点对应的卸载结构发生的最大可能位移与结构变形实测值，理论模拟结果与现场实测结果比较接近，说明所采用的模拟方法确定的卸载时间和卸载顺序的合理性。

卸载过程变形实测（单位：mm）   表 3-10

结构沉降 支撑点位	短立柱切割	Sbx4、Sbx6分别排砂4mm	Sbx1、Sbx7排砂至结构脱离	Sbx2、Sbx8排砂至结构脱离		Sbx3、Sbx5排砂至结构脱离	数值分析预测对应位移值
Sbx1	1.4	1.3	1.6	1.8		2.3	1.95
Sbx2	2.5	2.6	2.7	2.9		3.3	2.90
Sbx3	3.1	3.2	3.3	4.3	……	5.7	7.39
Sbx4	3.2	4.5	4.9	5.2		5.7	7.80
Sbx5	4.1	3.7	3.9	5.1		7.2	7.57
Sbx6	3.5	5	5	6.2		7.4	7.54
Sbx7	1.2	2.4	2.7	3.1		4.2	1.95
Sbx8	1.8	2.8	3.1	3.8		4.9	2.89

2）工程实施过程（图 3-23）。

(a) 悬挑结构施工

(b) 下承梁加固

(c) 卸载——短立柱切割

(d) 卸载——砂箱排砂

图 3-23　工程实施过程（一）

(e) 应变监测

(f) 悬挑结构竖向位移监测

(g) 结构裂缝观测

(h) 悬挑结构应力监测

图 3-23　工程实施过程（二）

3.2.4　复杂结构施工期受力实测及分析

成都来福士广场为多塔超高层复杂建筑，由 5 座高 110～120m 的塔楼及 4 层地下室组成。受建筑设计及相邻住宅楼日照要求影响，各塔楼存在不同形式的悬挑、收进、竖向构件不连续等不规则情况。由于施工工艺复杂、建造难度较大且结构施工周期长，因此受到的影响因素复杂且多变，如混凝土构件整体力学性能、施工方法和工艺、施工荷载、气象环境、风荷载环境、地震运动、基础不均匀沉降等。这些因素将对结构施工安全、进度和质量产生不同程度的影响，部分受力复杂的区域受影响尤为突出。鉴于此，设计单位建议设置合理的监测系统，有效监测结构施工过程中的结构响应和状况，为确保施工质量和指导施工提供可靠和有效的依据，保证工程竣工后结构的安全和使用性能满足设计要求。针对该建筑的特殊要求，施工监测涵盖了施工过程中的基础沉降监测，上部特殊结构变形监测，关键构件应力监测以及特殊楼层的舒适度监测四个方面。

1. 复杂结构变形监测结果及分析

成都来福士广场 5 个塔楼立面特征复杂，存在悬挑、倾斜和大开洞等特征。施工过程中各种特殊的结构体系，变形特征各不相同。因此，针对各个区域的变形特征，制定了不同的测量方式。

塔1与塔2存在大悬挑构件，悬挑长度为10m。以塔2为例，施工至第12层悬挑区时，施工单位为方便施工操作，搭建承重型胎架，作为上部悬挑结构施工的临时支撑构件。待施工至第16层时，拆除胎架，胎架卸载前后，悬挑区的沉降变形将十分明显。为此，在悬挑区布置相应变形监测点，对结构相对沉降变形进行跟踪测量。第12层悬挑区共布置测点10个，各测点位置如图3-24所示。

典型测点5、6、7、9、10的相对沉降变形曲线如图3-25所示。

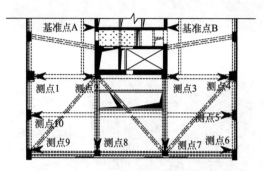

图3-24　T2悬挑区域相对变形测点布置示意图

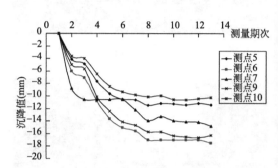

图3-25　塔2悬挑典型区沉降等值线图

由该图可知：拆除下部临时支撑胎架后，悬挑区相对沉降发生显著变化，最终沉降值大于22mm。沉降曲线的切线斜率随施工进度逐步变大，在结构封顶时，切线斜率趋近于零，即表明悬挑区沉降变形接近稳定。

塔2悬挑区各测点最终变形值见表3-11。

T2各测点最终相对变形值（单位：mm）　　　　　　　　　　表3-11

点号	1	2	3	4	5
沉降值	−1.0	−1.0	−1.0	−1.5	−11.4
点号	6	7	8	9	10
沉降值	−17.5	−14.8	−22.8	−16.3	−10.2

由最终变形监测结果可知，悬挑边缘端部最大沉降值为22.8mm，与整体结构的受力特征符合较好，沉降值与跨度的比值为1/438，满足规范限值1/300。

2. 应力监测结果及分析

为实现建筑造型，本项目采用大量钢斜撑及型钢构件，以满足结构抗扭、高位转换及悬挑等要求。部分构件受力性状十分复杂，为保证构件应力在可控范围之内，对典型区域的关键受力构件进行应力监测。

应力监测测点布设宜根据构件受力特点进行，不同形式的受力构件，测点布置不尽相同。轴心受力构件如斜撑、桁架杆件等可在同一截面上设2个测点，而双向受弯的斜柱等构件，宜在截面4个角部附近布设测点。

应变传感器通常埋设在混凝土的内部或固定于混凝土、钢结构表面，因此应变传感器采集的应变值不仅包含结构受力产生的应变，也包括温度变化、混凝土收缩等产生的应变。但是从总的应变值中完全剔除环境影响是不可能的，因此本书采用名义应力值来衡量构件的应力水平，即：名义应力＝实测应变值×材料弹性模量。

应力测点在塔 1、塔 2、塔 3 和塔 5（分别用 T_1、T_2、T_3 和 T_5 表示）的关键区域进行布设，共布置测点 295 个。其中最有代表性的应力监测区域为塔 1 主入洞口转换桁架、塔 2 悬挑区和塔 3 大开洞。

塔 1 转换层共布置测点 24 个，其中中间榀钢桁架结构应力测点为 8 个，现场测点布置如图 3-26 所示。

监测过程中，由于现场施工现场影响，导致其中 4 个测点损坏，其余 4 个测点应力变化曲线如图 3-27 所示。由该图可知：钢结构应力随施工进度而增加，最大压应力为 27MPa，最大拉应力为 24MPa。钢结构应力值较小，满足规范要求。

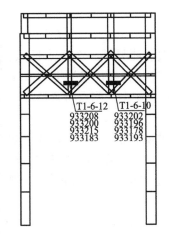

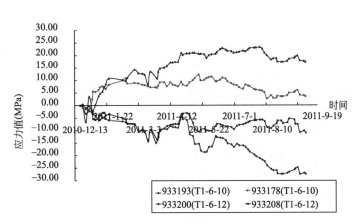

图 3-26 塔 1 转换层钢桁架部分
应力测点布置示意图

图 3-27 塔 1 转换层钢桁架部分
测点应力变化曲线

T2 第 12 层应力测点共布置 32 个。其中 T2-12-1 截面布置 4 个应力测点埋置在混凝土中，T2-12-13 截面布置 2 个应力测点表贴在钢结构表面。截面位置及编号如图 3-28 所示。

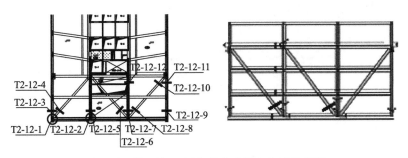

图 3-28 塔 2 第 12 层部分应力测点布置示意图

监测截面 T2-12-1 与监测截面 T2-12-13 应力监测点随施工进度的变化曲线如图 3-29 所示。由该图可知：钢结构应力值最大为 55MPa，混凝土应力值最大为 -8MPa。钢结构与混凝土结构的应力水平相对较低，满足规范要求。

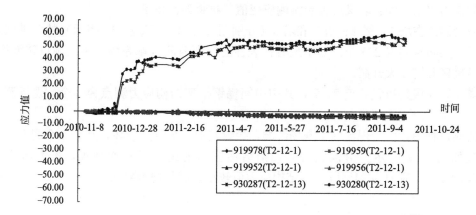

图 3-29 塔 2 第 12 层部分测点应力变化曲线

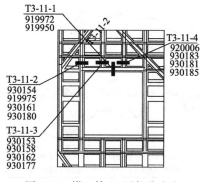

图 3-30 塔 3 第 11 层部分应力测点布置示意图

T3 大门洞区域是本次监测另外一个重点区域：该门洞通过型钢混凝土梁进行转换，梁受上部集中力作用。本区域共布置测点 14 个，测点布置情况如图 3-30 所示。

监测截面 T3-11-1 和监测截面 T3-11-3，各个测点名义应力变化曲线如图 3-31 所示。由图可知：转换梁顶部压应力最大为 5.2MPa（监测期间），下部拉应力最大为 1.2MPa（监测期间）。转换梁上部柱应力值随上部荷载增大而增加，结构封顶后，应力值最大为 8.0MPa。

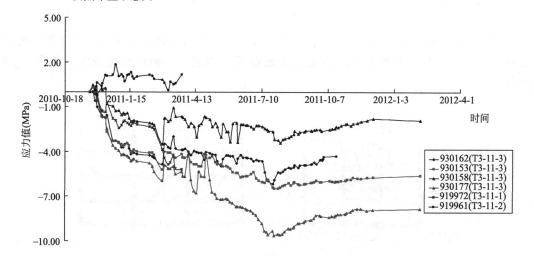

图 3-31 塔 3 第 11 层部分测点应力变化曲线

3. 舒适度检测结果及分析

楼盖结构应该具有适宜的舒适度。在本工程中，由于多处出现高位悬挑和大开洞，因此主体结构封顶后，须对五个区域进行竖向振动测试，测试内容包括：结构竖向自振频率和行人行走及跳跃激励下的楼盖竖向振动响应。

●：竖向振动测点

图 3-32　塔 1 南端悬挑区域竖向振动测点布置示意图

舒适度测量过程中，每个测区进行 6 个工况的测试：1）1 人和多人 1.4Hz 原地走；2）1 人和多人 1.9Hz 原地走；3）1 人和多人 1.4Hz 来回走；4）1 人和多人 1.9Hz 来回走；5）1 人和多人 2.4Hz 原地跳跃；6）1 人和多人无序走。

以塔 1 南端 10m 悬挑的舒适度测量结果为例。塔 1 舒适度测点共布置 5 个，测点位置如图 3-32 所示。

在多人 2.4Hz 原地跳跃的工况下，测点 4 区域的竖向振动全程波形图如图 3-33 所示。最大竖向加速度为 $0.2m/s^2$。

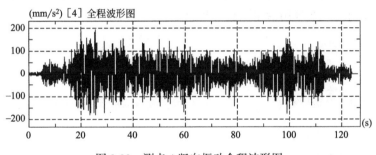

图 3-33　测点 4 竖向振动全程波形图

经计算分析，该区域的竖向振动自振频率为 5.42Hz，大于规范规定的 3Hz。反应谱曲线如图 3-34 所示。

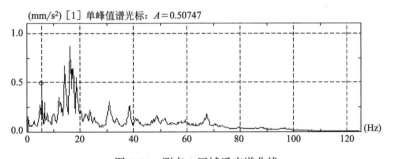

图 3-34　测点 4 区域反应谱曲线

其他各测区测量结果与塔 2 南端悬挑测区相类似，自振频率高于规范要求。

4. 结论

通过对结构基础沉降、上部结构变形、关键构件应力以及舒适度等方面的监测，可知：

（1）整个基础沉降在施工过程中变化幅度较小，不均匀沉降能够满足规范要求，可保证建筑使用的安全性。

（2）上部结构变形幅度较小，以悬挑区域的变形最大，约为跨度的 1/450，满足规范要求。

（3）构件应力监测值小于构件强度设计值，有较好的安全储备。

（4）高位悬挑及大开洞区域楼板自振频率高于规范允许值，舒适度能够得到保证。

3.3 复杂结构大跨度转换桁架施工期受力性能分析及桁架自支撑施工技术

3.3.1 T1 主入口大开洞及转换桁架概况

T1 主入口大开洞洞口高度 25.11m，跨度折线距离 41.6m、直线距离 32.5m。洞口上方设有数层转换层，包括外立面 3 层高 GHJ2 及内立面 2 层高 GHJ1。转换层 L6～L9 层楼板板厚 200mm，墙柱混凝土强度 C60，楼板混凝土强度 C40。

斜线阴影部分（图 3-35）为大开洞体系平面尺寸，采用巨型桁架和压型楼板组合转换体系，内外立面结构大梁采用清水型钢混凝土梁。

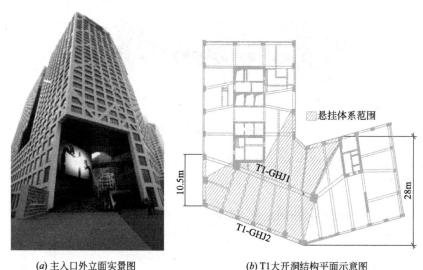

(a) 主入口外立面实景图　　　　(b) T1 大开洞结构平面示意图

图 3-35　T$_1$ 主入口大开洞洞口

T1-GHJ2（图 3-36）：桁架展开长度最长达 41m，最重约 235.6t。标高范围为 25.350～37.000m。

3.3.2 大跨度转换桁架复杂节点仿真分析

1. 复杂节点采用铸钢节点的原因分析

钢桁架结构体系中钢板厚度较厚（桁架板厚 40mm 以上，最厚达到 65mm）。钢桁架部分节点处有 6～8 个方向都是采用焊接的方式进行构件连接，焊缝多且较集中，根据焊

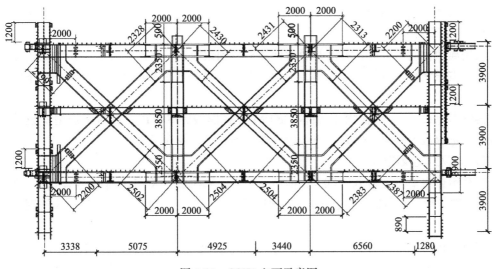

图 3-36　GHJ2 立面示意图

接特性，节点部位由此产生的焊接内应力就非常复杂，当内应力达到一定极限而无从释放时，就会在节点处产生母材撕裂，从而影响主体结构的稳固性和安全性。

针对此问题，修改了原设计方案，采用铸钢节点形式解决因焊接内应力集中而造成的母材撕裂现象。采用模具一次浇灌成型，拆模后对铸钢件进行超声波探伤，合格后再进行精加工和热处理，以此来消除内应力，避免母材发生撕裂现象。

2. 分析依据及材料力学性能

（1）分析依据详见表 3-12。

分析依据表　　　　　　　　表 3-12

序号	名称
1	《钢结构设计规范》GB 50017
2	《建筑结构荷载规范》GB 50009
3	《铸钢节点应用技术规程》CECS 235
4	《重型机械通用技术条件　第 6 部分:铸钢件》JB/T 5000.6
5	其他相关规范、图纸、资料

（2）材料力学性能

材料牌号：ZG25Mn（热处理状态：正火＋回火），分析中取用的材料力学性能指标见表 3-13。

材料力学性能表　　　　　　　　表 3-13

密度	7850kg/m³	屈服强度 σ_s/MPa	≥295
弹性模量	2.06×10⁵N/mm²	抗拉强度 σ_b/MPa	≥490
剪变模量	7.9×10⁴N/mm²	延伸率 δ/%	≥20
泊松比	0.30	收缩率 Ψ/%	≥35
冲击值 A_{ku}/J	≥47		

（3）荷载取用及组合

1）荷载取值方法

采用离散化的数值计算方法并通过计算机得到数值解。本次计算对节点的结构分析主要是利用有限元数值计算方法，借助有限元软件 ANSYS 对节点在设计载荷作用下的工作状态进行模拟分析。

铸钢节点设计反力通过整体结构 PKPM 计算模型提取得出，针对中震情况设计工况组合，并选取最不利组合作为各节点边界条件施加于计算模型上。

2）荷载工况及组合

荷载组合主要考虑恒载（DL）、活载（LL）、风荷载（X 向风荷载 W_x、Y 向风荷载 W_y）、地震荷载（X 向地震荷载 E_x、Y 向地震荷载 E_y、竖向地震 E_z）等作为铸钢节点设计依据。

节点分析所涉及的荷载工况包括 DL、LL、X-W、Y-W、X-E、Y-E、Z-E 等 7 种类型，分为 1.2DL＋1.4LL、1.2DL＋0.6LL＋0.28（X-W）＋1.3（X-E）、1.2DL＋0.6LL－0.28（X-W）－1.3（X-E）等 6 种工况组合（ZG-6～ZG-10 节点另有 1.0DL＋1.0LL 组合），作为节点数值分析的外部载荷。根据节点设计图纸，将节点和节点端部连接杆件整体建模，在杆件端部施加整体模型中提取的节点反力，进行结构设计载荷作用下的非线性分析。

3）边界条件约定

各设计载荷作用下的节点边界条件的定义与整体有限元模型的边界条件基本保持一致，本计算模型从初始状态开始比例加载至设计载荷。见表 3-14。

边界约束情况表　　　　　　　　　　　　　　　　表 3-14

节点号	ZG1	ZG2	ZG3	ZG4	ZG5
约束情况	L11-C-38 柱的下端面	L11-C-40 柱的下端面	L11-C-39 柱的下端面	L12-C-37 的上端面	L12-C-28 的上端面
节点号	ZG6	ZG7	ZG8	ZG9	ZG10
约束情况	L11-C-31 柱的下端面	L11-C-29 柱的下端面	L11-C-16 柱的下端面	L13-C-14 的上端面	L13-C-29 的上端面

3. 有限元模型建立

（1）材料模型

本次计算假定所研究的铸钢节点模型为弹塑性材料，铸钢节点屈服强度为 295MPa，极限强度为 490MPa，正切模量取为弹性模量的 3%，具有相当长的屈服阶段及良好的塑性。

（2）单元选取及模型端部处理

根据铸钢节点的工程特点，以及 ANSYS 单元的基本特征和适用范围，在实际分析中，铸钢节点由 SOLID45、SOLID70 及 MASS21 单元建模（图 3-37）。建模时，将各节点单肢端头刚化，并将刚化区域内节点自由度耦合于位于端头截面形心处的主节点处。施加荷载时，加在主节点上。

SOLID70 单元能实现匀速热流的传递，主要用于铸钢节点模型前处理阶段的三维静态的热分析，热分析结束后转为 SOLID45 结构分析单元。在前处理模块中，将热单元转

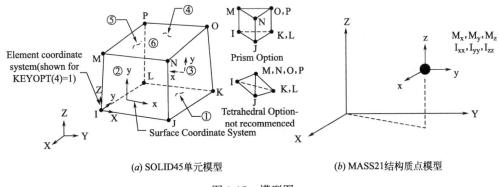

(a) SOLID45单元模型　　　　　　　(b) MASS21结构质点模型

图 3-37　模型图

换为相应的 SOLID45 结构单元，网格的大小与温度场分析时完全一致，并设置结构分析中所需要的材料参数。

SOLID45 单元是一种构造三维实体结构的单元，具有塑性、蠕变、膨胀、应力强化和大变形能力，有用于沙漏控制的缩减积分选项。该单元由 8 个结点组成，每个结点有 3 个自由度：U_X、U_Y、U_Z。

MASS21 单元是一个具有 6 个自由度的点元素：即 x、y 和 z 方向的移动和绕 x、y 和 z 轴的转动。每个方向可以具有不同的质量和转动惯量。MASS21 单元是指定各铸钢节点模型中各单肢端面主 Node 的单元，其他 Node 的自由度耦合到主 Node 形成端面刚化区域。

（3）有限元模型

本次计算将设计工况组合下各节点承受的荷载放大多倍，分阶段施加于节点模型上，本次分析时设置 30~50 个子载荷步，对模型初步施加 5 倍设计荷载，以此提取 ZG-1 节点在各工况组合下的荷载反应。

4. 有限元力学分析

（1）模型前期处理

铸钢件在冷却凝固过程中，由于铸件各部分冷却速度不同，在同一时刻各部分收缩量不同，铸件各部位相互阻碍这种收缩变形而产生残余应力。

本次分析采用间接法考虑铸钢节点残余应力对结构的荷载效应，间接法即首先进行热分析，然后将求得的节点体载荷作为体载荷施加在结构应力分析中。查实用《五金手册》得铸钢节点弹性模量、泊松比、热膨胀系数等热分析参数，见表 3-15。本次分析假定室温为 25℃。

温度变化过程铸钢模型力学性能参数　　　　　　　表 3-15

温度 T(℃)	0	200	400	600	800	1000	1200	1400
弹性模量 E(GPa)	206	168	102	50	8.5	5.5	0.5	0.048
泊松比 μ	0.278	0.303	0.31	0.327	0.344	0.36	0.377	0.39
热膨胀系数 α	1.4	1.45	1.5	1.55	1.7	2	2.2	2.3

（2）热处理流程

热处理流程设计根据铸钢件加工厂设计流程而定，本次分析设铸钢浇铸过程中最大温度为 1500℃，主要研究铸钢节点自浇铸完毕、开始凝固到降为室温、完全凝固过程完毕后，节点内部残余应力的分布状况。

（3）前提假定

分析假设：1）铸件状态自后浇铸的铸件顶部到铸型底部按液态到固态分布；2）铸件-铸型界面视为理想接触，即假设铸件与铸型之间相互紧贴；3）互相接触的两表面具有相同的温度，并认为此时节点界面之间没有热阻；4）同时，忽略钢水在凝固过程中的相对流动，即只考虑凝固过程中钢液的对流传热。

5. 分析结果

（1）节点残余应力分析结果

各铸钢节点模型热分析铸钢模型开始凝固时的温度场如图 3-38 所示，最终残余应力分布状况如图 3-39 所示。

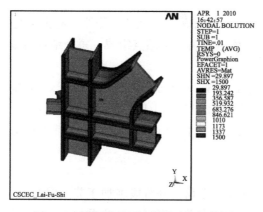

图 3-38　铸钢模型开始凝固时的温度场

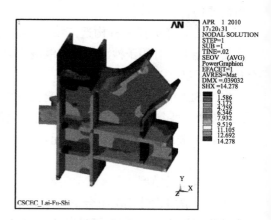

图 3-39　最终残余应力分布状况

（2）节点极限承载力分析结果

模型处理结束后，进入极限承载力分析阶段。以节点 ZG1 为例，分析在承载过程中的荷载反应及荷载位移曲线，并以此判断各节点在设计工况之下极限承载力大小。

1）工况组合一

经计算，对节点 ZG-1 加载至 1.0 倍（TIME=1.0）设计荷载时，铸钢节点的应力和变形如图 3-40 所示。根据计算结果可知，模型最大变形矢量和 3.833mm（Node12 附近的局部区域），最大 von Mises 折算应力为 267.731N/mm^2＜295N/mm^2，整个结构仍处在弹性范围内工作，没有进入塑性，满足设计要求。

对节点 ZG-1 加载至 2.0 倍（TIME=2.0）设计荷载时，铸钢节点的应力和变形如图 3-41 所示。根据计算结果可知，该工况下计算模型最大变形矢量和 56.919mm，最大 von Mises 折算应力为 549.391N/mm^2，L10-C-31 单肢变形较为明显，出现明显偏角，各节点单肢中心线交点处的节点核心区域、大部分的单肢腹板受力进入塑性阶段，部分区域应力超过极限强度而发生局部破坏，节点整体受力处于强化阶段。

对节点 ZG-1 加载至 3.2 倍（TIME=3.2）设计荷载时，铸钢节点的应力和变形如图 3-42 所示。根据计算结果可知，模型最大变形矢量和 234.018mm（Node510 附近区域），最大 von Mises 折算应力为 1060N/mm^2（节点核心区域），大部分区域（除部分单肢翼缘外）

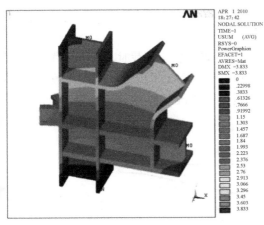

(a) 计荷载下变形矢量和(mm)

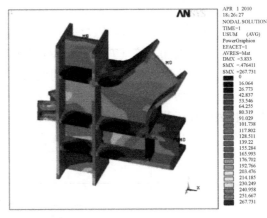

(b) 设计荷载下Mises应力分布云图(N/mm²)

图 3-40 铸钢节点加载至 1.0 倍时的变形和应力（工况组合一）

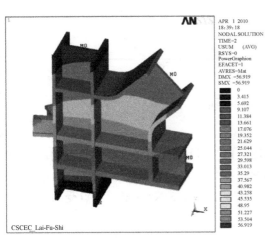

(a) 两倍设计荷载下变形矢量和(mm)

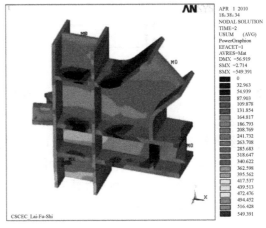

(b) 两倍设计荷载Mises应力分布云图(N/mm²)

图 3-41 铸钢节点加载至 2.0 倍时的变形和应力（工况组合一）

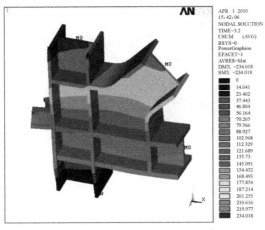

(a) 破坏荷载下变形矢量和(mm)

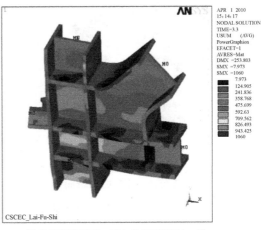

(b) 破坏荷载下Mises应力分布云图(N/mm²)

图 3-42 铸钢节点加载至 3.2 倍时的变形和应力（工况组合一）

超过极限强度，发生了塑性流动及大变形，结构丧失了承载力，发生破坏，最先发生破坏的区域为靠近 L10-C-31 的节点核心区域的腹板处。

对模型施加 3.3 倍（TIME＝3.3）及以上荷载时，增加较小荷载时，节点位移大幅增加，模型计算不再收敛，可视为达到极限荷载。ZG-1 节点在工况组合 1 下的荷载位移曲线如图 3-43 所示，图中横轴代表节点模型中最大位移点 Node510 的位移矢量和（mm），竖轴代表施加荷载/设计荷载。

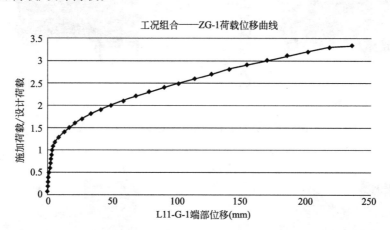

图 3-43　铸钢节点荷载位移曲线

2）工况组合二

经计算，对节点 ZG-1 加载至 1.0 倍（TIME＝1.0）设计荷载时，铸钢节点的应力和变形如图 3-44 所示。根据计算结果可知，模型最大变形矢量和 6.598mm（Node1 附近的局部区域），最大 von Mises 折算应力为 284.816N/mm² ＜295 N/mm²，节点受力处于弹性阶段，满足设计要求。

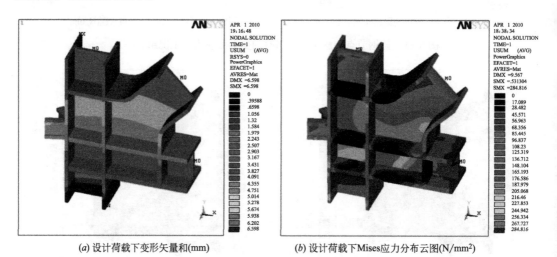

(a) 设计荷载下变形矢量和(mm)　　　　　(b) 设计荷载下Mises应力分布云图(N/mm²)

图 3-44　铸钢节点加载至 1.0 位时的变形和应变（工况组合二）

对节点 ZG-1 加载至 2.0 倍（TIME＝2.0）设计荷载时，铸钢节点的应力和变形如图 3-45 所示。根据计算结果可知，该工况下计算模型最大变形矢量和 113.864mm，局部最大 von Mises 折算应力为 743.259N/mm²，节点单肢变形较为明显，大部分的单肢腹板受力进入塑性阶段，大部分节点核心区域超过极限强度而发生破坏，节点仍处于强化阶段。

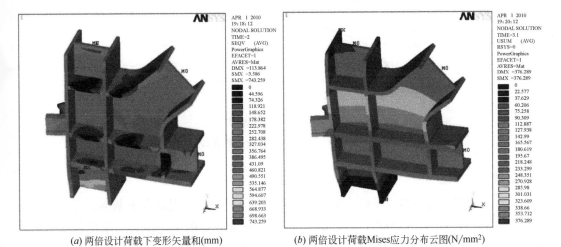

(a) 两倍设计荷载下变形矢量和(mm)　　　　(b) 两倍设计荷载Mises应力分布云图(N/mm²)

图 3-45　铸钢节点加载至 2.0 位时的变形和应变（工况组合二）

对节点 ZG-1 加载至约 3.06 倍（TIME＝3.06）设计荷载时，铸钢节点的应力和变形如图 3-46 所示。根据计算结果可知，模型最大变形矢量和 376.289mm（Node1 附近区域），最大 von Mises 折算应力为 1453N/mm²（节点核心区域），大部分区域（除部分单肢翼缘、节点加劲肋外）超过极限强度，节点严重变形，发生破坏。

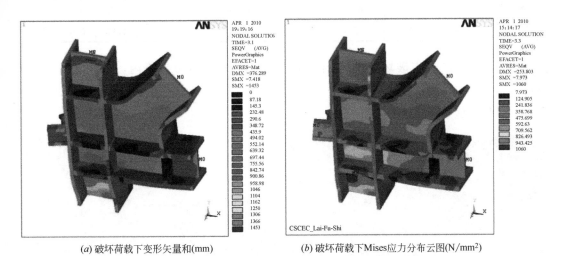

(a) 破坏荷载下变形矢量和(mm)　　　　(b) 破坏荷载下Mises应力分布云图(N/mm²)

图 3-46　铸钢节点加载至 3.06 位时的变形和应变（工况组合二）

对模型施加 3.06 倍（TIME＝3.06）以上荷载时，增加较小荷载时，节点位移大幅增加，模型计算不再收敛，可视为达到极限荷载。ZG-1 节点在工况组合 1 下的荷载位移曲线如图 3-47 所示，图中横轴代表节点模型中最大位移点 Node510 的位移矢量和（mm），竖轴代表施加荷载/设计荷载。

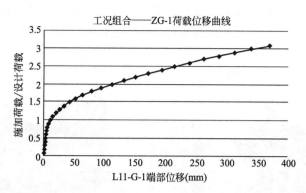

图 3-47　铸钢节点荷载位移曲线

6. 结论及建议

（1）在中震模型下各工况组合下，各节点在 1.0 倍设计工况组合下基本能保持在弹性状态，满足设计要求。特别的，对于 ZG6 在工况组合五作用下，L11-C-31 柱顶端约束处存在应力集中现象，局部最大 von Mises 折算应力为 317.898N/mm²，其余大部分区域应力仍小于 295 N/mm²，节点受力基本处于弹性阶段。

设计荷载下多处节点计算应力比超过 0.8，一些超过 0.9，屈服应力比（结构最大应力/屈服点）见表 3-16。施工过程中应严格控制构件质量，保证结构的安全性能。

设计荷载下各节点应力比　　　　　　　　　　　　　　表 3-16

节点编号		ZG1	ZG2	ZG3	ZG4	ZG5	ZG6	ZG7	ZG8	ZG9	ZG10
屈服应力比	工况组合 A	0.91	0.84	0.82	0.95	0.80	0.86	0.77	0.89	0.94	0.92
	工况组合 B	0.96	0.75	0.88	0.86	0.88	—	0.81	0.96	0.92	0.96

（2）ZG1～10 节点破坏荷载/设计荷载基本处于 3.1～4.0 范围内，可满足节点设计要求。

7. 工程实施效果（图 3-48）

(a) 铸钢模具制作

(b) 模具质量检查

图 3-48　工程实施效果（一）

(c) 成型砂箱模具   (d) 铸钢件进场验收

图 3-48 工程实施效果（二）

3.3.3 复杂结构大跨度转换桁架施工期受力性能分析

1. 大跨度转换桁架施工方法概述

当前工程界对于大跨度转换桁架通常采用有支撑安装法，即在桁架安装阶段设置临时支承胎架，以临时支承胎架作为桁架的支承结构，形成空间传力体系，待结构安装完成后，再进行卸载，拆除临时支承胎架。该安装技术在工程上应用较多，也相对比较成熟，但需投入大量的支承措施，成本投入较大，且临时支承胎架需进行专项设计，以保证安装全周期内其承载能力满足工程要求。

本工程 T1 主入口大开洞处大跨度转换桁架离地高度 25.11m，若采用传统的有支撑安装技术，需专门设计大量超高支承胎架，且需对支承胎架下部的混凝土结构承载力进行安全性复核，甚至需采用必要的加固措施。基于此，为减少资源投入，进行节约化施工，拟以本工程为依托研究一套适于大跨度桁架的桁架自支撑安装技术。该技术的最大特点是桁架安装时无需设置临时支承胎架，而为实现这一目标，必须对桁架自支撑安装全周期进行施工过程模拟分析，重点要分析以下三大关键问题：

（1）施工全周期的受力响应分析。对转换桁架自支撑安装全周期进行过程模拟计算，提取各典型施工阶段结构的应力和位移响应，评估结构安全性。

（2）施工阶段结构稳定性分析。施工阶段结构尚未形成整体的空间体系，其稳定性也是影响施工安全的重要因素。

（3）后续楼层施工对桁架承载力影响评估。采用桁架自支撑安装技术时，桁架安装完成后即进入自主承载状态，后续楼层的施工将对桁架进行渐进加载，有必要对该过程（直至结构封顶至 29 层）的桁架承载力进行评估。

2. 材料及荷载取值

（1）材料力学参数取值

本工程 T1 转换桁架材料为 Q390，其他钢结构材料为 Q345，混凝土材料标号为 C60。

钢材材料的各性能指标见表 3-17。

钢材材料及力学性能　　　　　　　　　　　　　　　　　表 3-17

序号	性能	指标/参数		
1	钢材牌号	Q345	Q390	ZG25Mn
2	弹性模量	$2.06×10^5 \text{N/mm}^2$	$2.06×10^5 \text{N/mm}^2$	$2.06×10^5 \text{N/mm}^2$
3	剪变模量	$7.9×10^4 \text{N/mm}^2$	$7.9×10^4 \text{N/mm}^2$	$7.9×10^4 \text{N/mm}^2$
4	泊松比	0.3	0.3	0.3
5	屈服强度	265MPa、295MPa	315MPa、335MPa	≥295MPa

注：板厚为 16～35mm 时，Q345 的屈服强度为 295MPa，Q390 的屈服强度为 335MPa；
　　板厚为 35～50mm 时，Q345 的屈服强度为 265MPa，Q390 的屈服强度为 315MPa。

（2）荷载工况及组合

本次施工过程分析所涉及的荷载工况包括 3 种类型，主要考虑恒载（DL）、活载（LL）、温度荷载等作为设计荷载依据，见表 3-18。

设计工况汇总　　　　　　　　　　　　　　　　　　　　表 3-18

项目	符号	名称	说明
1	DL	结构自重	钢结构及附属结构自重(结构理论重量)
2	LL	活荷载	施工中临时的人、机荷载(暂取为 150kg/m², 即 1.5kN/m²)
3	T(+)	升温荷载	设定常温为 15℃, 升温荷载按+15℃温差考虑。
4	T(−)	降温荷载	降温荷载按−15℃温差考虑。

注：T(+)为升温荷载，T(−)为降温荷载。

以上荷载工况分为 1.35DL+0.98LL、1.2DL+1.4LL 等荷载组合，设计组合时考虑不同方向的荷载作用参与工况组合。各工况组合及编号见表 3-19。

设计工况组合汇总　　　　　　　　　　　　　　　　　　表 3-19

编号	各工况组合系数				备注
	DL	LL	T(+)	T(−)	
1	1.35	0.98			
2	1.2	1.4			
3	1.2	0.98	1.4		
4	1.2	0.98		1.4	
5	1.2	1.4	0.98		
6	1.2	1.4		0.98	
7	Cenv				工况组合包络

3. 施工步划分

施工步设置见表 3-20。

施工步设置 表 3-20

施工步编号	内容	施工步编号	内容
1	桁架上弦顶部以下主体结构安装完成(除桁架外)	8	GHJ-2悬挑部分以外的桁架结构安装完成(包括第Ⅱ段及部分第Ⅰ段)
2	GHJ-1的下弦杆及部分斜腹杆安装完成	9	GHJ-2的第Ⅰ段中悬挑的第一根下弦杆及斜杆(包括铸钢件)安装完成
3	GHJ-1的竖向腹杆安装完成	10	GHJ-2的第Ⅰ段安装完毕
4	GHJ-1的上弦杆安装完成	11	GHJ-2第Ⅲ段安装完成
5	GHJ-1的部分斜腹杆安装完成	12	GHJ-2第Ⅲ段与GHJ-1之间的联系杆件安装完成
6	GHJ-1剩余的斜腹杆安装完成	13	GHJ-2第Ⅳ段安装完成
7	GHJ-1中部的水平梁安装完成	14	GHJ-1与GHJ-2安装完毕

4. 桁架安装全周期的结构受力响应

本次分析采用有限元分析软件 MIDAS 进行全周期模拟计算，通过建立整体结构模型，计算各施工阶段的结构位移、应力水平及稳定性等性能参数在整个施工过程中的变化情况，以对施工过程的安全性及方案的可实施性做出分析判断。施工阶段的设置见表 3-20。

（1）各阶段结构组合应力汇总

提取各施工阶段结构体上的最大组合应力（包括最大拉应力和最大压应力），见表 3-21。图 3-49 为施工全周期结构应力变化曲线。

桁架安装全过程结构最大组合应力汇总 表 3-21

施工步	最大拉应力(MPa)	最大压应力(MPa)	施工步	最大拉应力(MPa)	最大压应力(MPa)
Stage1	15.8	−20.1	Stage8	16.7	−20.6
Stage2	15.9	−20.5	Stage9	16.7	−20.7
Stage3	16.5	−20.1	Stage10	16.7	−20.8
Stage4	16.8	−20.1	Stage11	16.7	−20.8
Stage5	16.8	−20.1	Stage12	17.8	−24.4
Stage6	16.8	−20.1	Stage13	21.2	−28.6
Stage7	16.8	−20.1	Stage14	24.6	−34.8

（2）典型施工阶段结构应力分布

典型施工阶段结构应力分布如图 3-50 所示。

（3）结论

根据上述大跨度桁架安装全过程施工模拟分析结果，可得出如下结论：

1）随着安装进度的推进，钢结构最大组合应力总体呈现增长之势，但十分平缓，仅在最终阶段出现较快的增长。

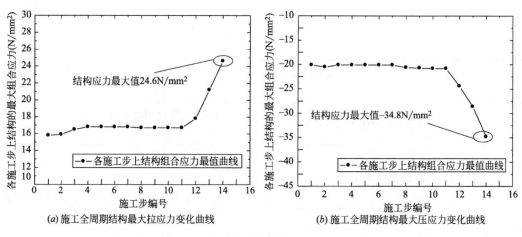

(a) 施工全周期结构最大拉应力变化曲线   (b) 施工全周期结构最大压应力变化曲线

图 3-49　施工全周期结构应力变化曲线

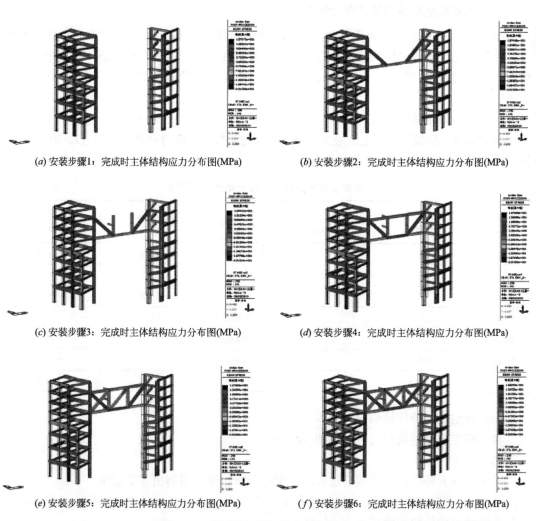

(a) 安装步骤1：完成时主体结构应力分布图(MPa)   (b) 安装步骤2：完成时主体结构应力分布图(MPa)

(c) 安装步骤3：完成时主体结构应力分布图(MPa)   (d) 安装步骤4：完成时主体结构应力分布图(MPa)

(e) 安装步骤5：完成时主体结构应力分布图(MPa)   (f) 安装步骤6：完成时主体结构应力分布图(MPa)

图 3-50　施工阶段结构应力分布图（一）

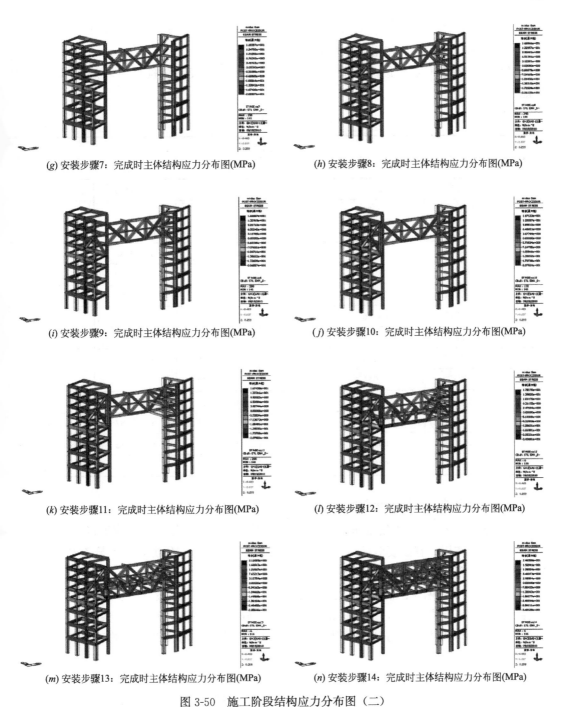

(g) 安装步骤7：完成时主体结构应力分布图(MPa)

(h) 安装步骤8：完成时主体结构应力分布图(MPa)

(i) 安装步骤9：完成时主体结构应力分布图(MPa)

(j) 安装步骤10：完成时主体结构应力分布图(MPa)

(k) 安装步骤11：完成时主体结构应力分布图(MPa)

(l) 安装步骤12：完成时主体结构应力分布图(MPa)

(m) 安装步骤13：完成时主体结构应力分布图(MPa)

(n) 安装步骤14：完成时主体结构应力分布图(MPa)

图 3-50 施工阶段结构应力分布图（二）

2）施工全周期结构最大组合应力总体水平偏低。最大拉应力出现在第 14 步，达到 24.6MPa；最大压应力出现在 14 步，达到－34.8MPa，均远低于材料的许用强度，结构安全可控，安全裕量充足。

5. 施工全周期结构稳定性分析

整体稳定性是结构的重要特征，反映了结构的整体刚度，同时对具体构件计算长度系数有一定影响。本次计算采用MIDAS提取最不利工况组合下施工步1～14的六阶屈曲模态，计算时考虑应力刚化作用，各阶模态的屈曲因子见表3-22。

经计算，各施工阶段最小一阶屈曲因子4.435＞3，表明结构具有较好的整体稳定性能。

各阶模态对应屈曲因子　　　　　　　　　　　　　　　表3-22

STEP	TIME/FREQ					
	第一阶	第二阶	第三阶	第四阶	第五阶	第六阶
1	15.64579	35.45587	39.02448	54.95275	59.91425	70.47589
2	5.573412	16.23726	39.03981	57.15491	61.16091	72.21992
3	4.435627	16.34505	39.03981	57.40028	61.34554	72.21992
4	12.891	15.75301	39.03981	56.67384	59.99245	60.66711
5	15.81835	39.03981	46.89517	48.41554	50.02112	56.40348
6	15.79811	39.03306	41.00462	56.4157	57.17584	60.4555
7	15.79811	39.03306	41.00462	56.4157	57.17584	60.4555
8	14.23372	42.03875	56.45251	56.66617	56.66813	61.17553
9	14.23372	43.45154	56.45084	56.66418	56.66611	61.17551
10	14.2337	26.93041	49.11023	56.44748	56.656	56.666
11	13.84565	26.93043	49.1102	55.52027	56.31059	56.5821
12	16.59139	22.74576	49.53459	50.34017	51.15587	54.9915
13	16.80839	49.63922	51.7242	52.74933	59.34948	62.84587
14	13.95394	35.93263	45.62408	49.55778	51.81567	56.10401

6. 后续楼层施工对桁架承载力影响评估

大跨度转换桁架安装完成后即开始其上部楼层的施工，上部楼层的施工将对桁架上产生较大的荷载作用，有必要对该过程的桁架承载力进行评估。分析时考虑最不利的工况，即结构封顶至第29层时桁架的受力情况。

根据设计院提供的上部楼层传递的力施加于施工阶段分析的最后一步（也即转换桁架安装完成并浇筑混凝土后），来复核桁架的性能。分析时按照不考虑温度参与作用、考虑温度参与作用等两种典型的受力工况（两种工况均考虑结构自重荷载及施工荷载等），分析结果如下：

（1）工况一：不考虑温度参与作用

当不考虑温度作用，只考虑上部楼层及桁架所在各楼层（第6～9层荷载）传递的恒载和活载（此处采用设计值，使用1.35DL＋0.98LL与1.2DL＋1.4LL的包络值），桁架的结构响应如图3-51所示。

由该图可见，结构最大x向位移约为4.618mm，最大y向位移约为－3.614mm，最大z向位移约为－40.327mm，最大变形矢量和约为40.329mm。GHJ-1最大应力为－235.311MPa（压应力），出现在桁架的斜腹杆处；GHJ-2的最大应力为－275.082MPa，出现在桁架转角处的竖向腹杆处，均小于Q390钢材的许用应力335MPa，结构可以保证安全。

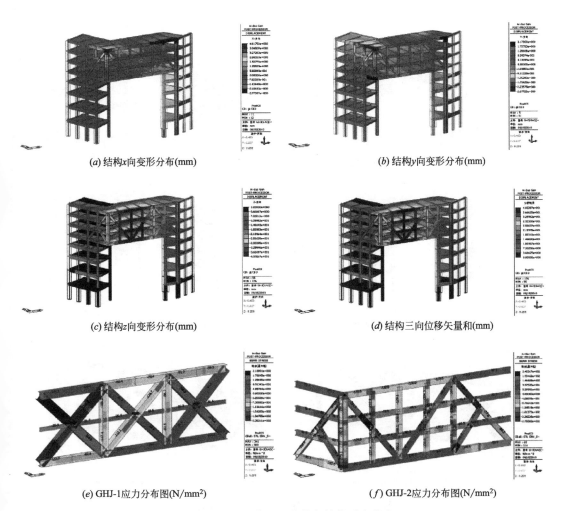

(a) 结构x向变形分布(mm)　　　　　　　　(b) 结构y向变形分布(mm)

(c) 结构z向变形分布(mm)　　　　　　　　(d) 结构三向位移矢量和(mm)

(e) GHJ-1应力分布图(N/mm²)　　　　　　　(f) GHJ-2应力分布图(N/mm²)

图 3-51　工况一作用下的桁架结构受力状态

（2）工况二：考虑温度参与作用

考虑上部楼层及桁架所在各楼层（第 6～9 层荷载）传递的恒载和活载及温度作用（此处为设计值，采用 1.35DL＋0.98LL＋1.0T 与 1.2DL＋1.4LL＋1.0T 的包络值），桁架的结构响应如图 3-52 所示。

由此上图可见，结构最大 x 向位移约为－6.098mm，最大 y 向位移约为 8.492mm，最大 z 向位移约为－45.375mm，最大变形矢量和约为 45.474mm。GHJ-1 最大应力为－243.884MPa（压应力），出现在桁架的斜腹杆处；GHJ-2 的最大应力为-278.450MPa，出现在桁架转角处的竖向腹杆处，均小于 Q390 钢材的许用应力 335MPa，结构可以保证安全。

7. 小结

通过对本项目大跨度转换桁架的桁架自支撑安装过程进行全周期模拟分析，得出如下几点结论：

（1）大跨度转换桁架安装过程中，钢结构最大组合应力总体呈现增长之势，但十分平缓，仅在最终阶段出现较快的增长，且总体应力水平偏低，最大拉应力出现在第 14 步，

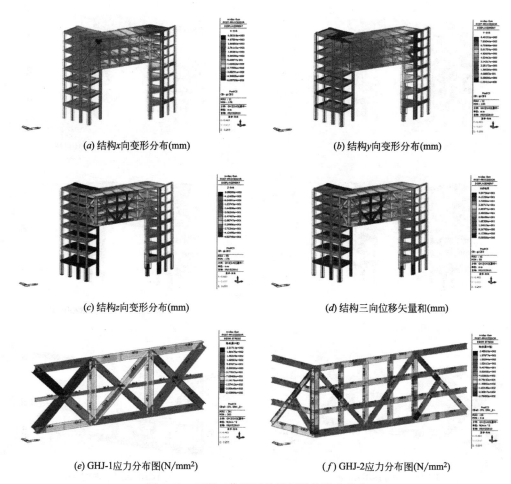

(a) 结构x向变形分布(mm)　　　　　　　　(b) 结构y向变形分布(mm)

(c) 结构z向变形分布(mm)　　　　　　　　(d) 结构三向位移矢量和(mm)

(e) GHJ-1应力分布图(N/mm²)　　　　　　(f) GHJ-2应力分布图(N/mm²)

图 3-52　工况二作用下的桁架结构受力状态

达到 24.6MPa；最大压应力出现在第 14 步，达到 -34.8MPa，均远低于材料的许用强度，结构安全可控，安全裕量充足。

（2）桁架自支撑安装时，各施工阶段结构的稳定性最小一阶屈曲因子为 4.435，大于规范要求的限值 3，表明安装阶段结构具有较好的整体稳定性能。

（3）以结构封顶至第 29 层时为最不利工况，按照不考虑温度参与作用、考虑温度参与作用等两种典型的受力工况，评估后续楼层施工对桁架承载力影响。这两种荷载状态下，桁架的最大组合应力为 -278.450MPa，出现于桁架转角处的竖向腹杆处，小于 Q390 钢材的许用应力 335MPa，结构可以保证安全。

（4）对于本工程的大跨度转换桁架，桁架自支撑安装法方案可行，可以安全实施，并且通过模拟分析结果进一步优化了桁架的安装顺序，减少了施工过程对桁架以及结构整体产生的"路径效应"。

3.3.4　复杂结构大跨度转换桁架自支撑施工技术

1. 转换钢架分段

（1）GHJ-1 转换桁架分段

T1-GHJ1：总重约 110t，位于主入口上方 4～6 层，标高范围为 24.850～32.7m，桁架总长 24m。GHJ-1 采用分段吊装。图 3-53 为 T1-GHJ1 立面示意图及分段示意图。

桁架下弦重量为 41.2t、上弦重量为 42.8t、中间长斜腹杆重量为 12.9t、中间短直腹杆重量为 2.5t。连梁重量 0.3t。

边柱按分段进行吊装，上弦及下弦在地面拼装完毕后整体吊装，其余杆件高空散装。主要使用 200t 汽车吊进行吊装，部分 5t 以下构件可使用塔吊进行吊装。

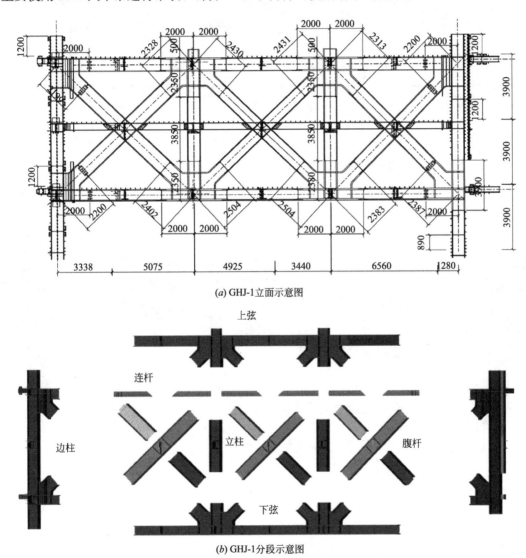

(a) GHJ-1 立面示意图

(b) GHJ-1 分段示意图

图 3-53　T₁-GHJ-1 立面示意图及分段示意图

（2）GHJ-2 转换桁架分段

T1-GHJ2：桁架展开长度最长达 41m，最重约 235.6t。标高范围为 25.350～37.000m。GHJ-2 分为三段，第一段长度约为 12m，总重量为 69.3t；第二段长度为 22.6m，根据吊装分段分解为下弦，重量为 69.4t，上弦左 24.3t，上弦右 21.3t，连梁 3t；第三段长度为 6.5m，总重量为 46.3t。根据现场实际施工条件，第一段、第三段采用高空散件吊装，第三段采用地面拼装成片，分片进行吊装。如图 3-54 所示。

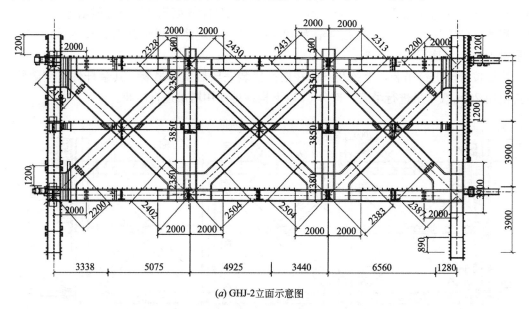

(a) GHJ-2立面示意图

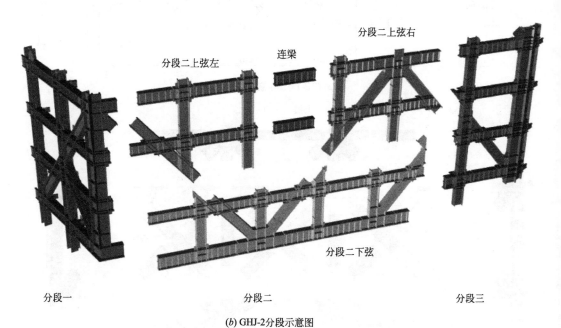

(b) GHJ-2分段示意图

图 3-54　T1-GHJ1 立面示意图及分段示意图

2. 转换桁架现场安装

（1）安装流程

T1（除大开洞部位）第 8 层施工完成后 10 天（混凝土强度达到 75%），开始进行桁架一的安装。在桁架一安装完成后，T1（除大开洞部位）第 8 层施工完成后 10 天（混凝土强度达到 75%），开始进行桁架二的安装。图 3-55 为安装流程图。

　　CHJ-1第一段共分五小段运至现场，在相应的吊装场地进行地面拼装后整体吊装，确保安装的整体刚度，整体拼装时桁架起拱30mm。

　　CHJ-2第三段分段运至现场，搭设拼装胎架进行地面拼装。拼装胎架的承重点主要位于框架柱的位置，该段总长只有22.6m，拼装时桁架起拱30mm，形成格构式桁架，整体进行空中拼装。

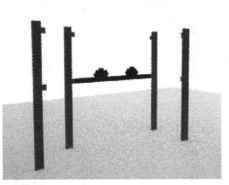

(a) 吊装GHJ-1下弦

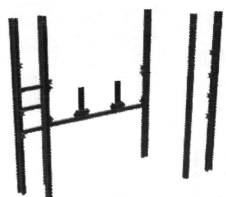

(b) 吊装GHJ-1中间直腹杆

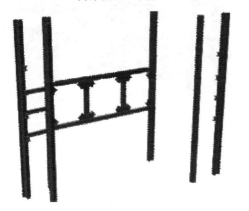

(c) 吊装GHJ-1上弦

(d) 吊装GHJ-1斜腹杆

(e) 吊装GHJ-2支座转角悬挑端

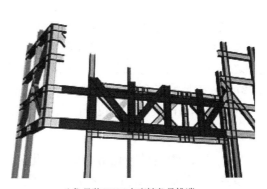

(f) 吊装GHJ-2支座转角悬挑端

图 3-55　安装流程图（一）

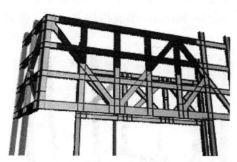

(g) 吊装GHJ-2上弦杆件

(h) 吊装GHJ-1与GHJ-2底层相连中间杆件

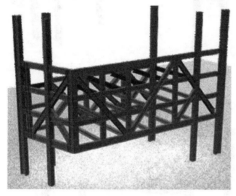

(i) 吊装GHJ-1与GHJ-2上层相连中间杆件

(j) 钢桁架安装完成

图 3-55　安装流程图（二）

（2）吊装分析

1）GHJ-1 吊装分析

考虑现场施工条件，吊装半径需要 18m，主吊臂长度为 40m，200t 的吊装重量约为 30.6t，即在此范围之内，GHJ-1 的任何构件都可以吊起。

2）GHJ-2 吊装分析

考虑现场施工条件，GHJ-2 第三段采用 160t 和 200t 汽车吊进行双机抬吊，其余全部采用现场散件空中拼装，第三段约重 69t。200t 吊装半径需要 11m，吊臂长度为 40.9m，起吊重量约为 48.3t；160t 吊装半径为 8m，吊臂长度 37.8m，起吊重量为 39.4t。即在此范围之内双机抬吊，考虑 80% 的起吊能力后，可以吊起重量为 70.16t，安全系数已经达到 127%，满足吊装 GHJ-2 的要求。图 3-56 为 GHJ-2 吊装分析图。

大型汽车吊吊装的位置位于回填土区域外，并且回填土厚度达 5.83m。

3. 工程实施效果（图 3-57）

主入口大开洞处的转化桁架施工深化过程中采用铸钢节点替代原设计中较为复杂的钢结构节点，并进行了相应的分析，取得了良好的效果。现场吊装过程中通过对桁架结构进行合理分段、优化吊装顺序，最大限度减小了施工过程对桁架结构造成的附加应力，进一步确保了转化桁架在使用过程中的安全。

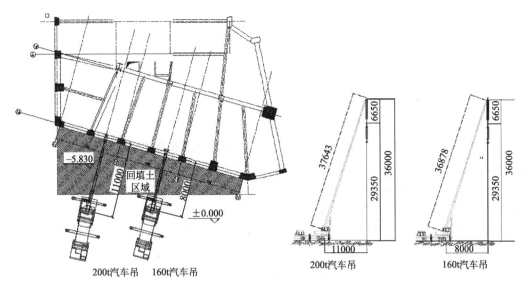

图 3-56　GHJ-2 吊装分析图

(a) GHJ-1 吊装

(b) GHJ-2 下弦双机抬吊

(c) 桁架吊装完毕

图 3-57　工程吊装效果

3.4 多向杆件交叉节点、型钢混凝土结构饰面清水混凝土施工技术

3.4.1 概述

随着城市的发展和改造，城市化建设的加快，越来越多位于城市中心地带的重大工程都已不仅仅追求高度、体量，同时还力求创造出自己独特的建筑形态与人文内涵。这些工程建筑型体奇异、立面装饰材料独特。建筑奇异的外形特征给结构设计带来了很大挑战。清水混凝土则凭借其天然、厚重的质感以及不剔凿修补、不抹灰的"绿色"优势得以快速发展，成为越来越多建筑师的首选。组合结构节点处型钢与钢筋、钢筋与钢筋之间相互穿插、连接以及混凝土的浇筑问题一直是施工当中的重点与难点，而清水混凝土对于混凝土成型质量要求又极为苛刻。随着型钢混凝土组合结构及清水混凝土越来越多地采用，寻求一种合理的施工方法已经成为清水混凝土组合结构施工的当务之急。

成都来福士广场项目工程外立面不仅为大面积浅色饰面清水混凝土，同时建筑师为考虑建筑群的"通透性"，还对各塔楼立面进行了切割，导致 5 座塔楼均呈不规则形态。为解决不规则结构的受力问题，在结构外立面存在许多斜撑构件，这些斜撑构件与梁、柱一起，形成了大量多构件相交的组合结构复杂节点。

由于各塔楼立面的不规则性及抗震设计中"大震不屈服"的设计要求，本工程柱、梁、斜撑等构件中存在大量型钢混凝土组合结构，且这些构件多向相交的复杂节点。节点处钢筋与型钢连接、钢筋与钢筋穿插关系也异常复杂。

中国建筑第三工程局有限公司结合该工程实际情况开展了科技创新攻关，形成了浅色饰面清水混凝土组合结构多构件交叉复杂节点综合施工技术，由于其在处理型钢混凝土组合结构节点施工、清水混凝土复杂节点浇筑等方面效果明显、质量可靠，取得了明显的社会效益和经济效益。

3.4.2 型钢混凝土组合结构多向杆件交叉节点饰面清水混凝土钢筋工程

1. 多向杆件交叉节点清水混凝土钢筋工程概况

出于对清水混凝土构件视觉效果的考虑，本工程外立面构件标准截面尺寸为 400mm×1250mm，截面宽度超过 400mm 的位置均进行了切角处理。构件内的型钢通常也设置在未切角的 400mm 范围以内，型钢距离清水构件外表面距离 125mm（图 3-58）。

在多项杆件交叉节点位置，根据设计要求，400mm 范围内各构件均有 4 排钢筋需要穿过，但根据设计情况进行钢筋排布，扣除清水混凝土特殊要求的 35mm 保护层厚度后，剩余空间内仅能满足梁、柱钢筋穿插的需要，没有空间再进行斜撑钢筋的穿插，如图 3-59 所示。

2. 多向杆件交叉节点清水混凝土钢筋施工方案研究与实施

（1）方案选定

秉承"样板引路，技术先行"的原则，项目在复杂节点开始施工前选择典型截面按照

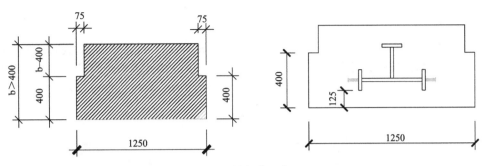

图 3-58　构件典型截面

原有设计方式制作 1：1 模型，通过实体模型的制作以及三维图形模拟，找出复杂节点区域影响钢筋穿插施工因素。在咨询了本工程设计院以及专业深化设计单位意见的基础上，结合模型施工时钢筋穿插的合理处理方式，进行复杂节点的结构设计优化，针对工程情况，先后研究了四种方案：

1）方案一

按照原有设计施工（图 3-60），先安装型钢，再按照柱→梁→斜撑的顺序穿插钢筋。斜撑钢筋与其他方向钢筋位置冲突时，弯折通过。

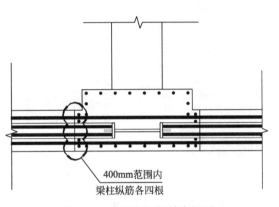

图 3-59　典型截面钢筋穿插图

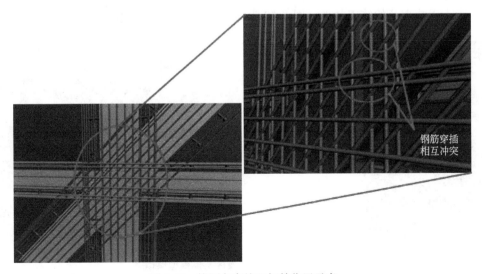

图 3-60　按原方案施工钢筋位置示意

按照该方案施工，钢筋需要在短距离内多向弯折，钢筋加工制作的精度要求极高，现场操作的难度大、可操作性低。而按照现有的图纸钢筋绑扎成型后，节点区完全没有混凝土下料、振捣的空间，清水混凝土浇筑质量无法保证；清水混凝土保护层也无法保证。

2) 方案二

在斜撑的非节点区与节点区之间增设过渡区（图3-61），过渡区内加大斜撑型钢翼缘，并设置鱼腹式的连接板，使得斜撑钢筋在过渡区内通过与构件内型钢焊接连接将力传递给型钢，节点区内加大型钢截面，由型钢传递所有斜撑应力，斜撑仅设置构造钢筋进入节点区域。

图 3-61　斜撑过渡区

该方案由于斜撑钢筋不进入节点区域，将原有的多向杆件相交的复杂节点钢筋施工问题转化为了普通的清水混凝土梁柱节点施工，可以起到解决节点区域多向杆件钢筋穿插的问题，降低了现场的施工难度。然而在设置的过渡区域内，斜撑型钢多次改变截面形式，钢结构深化、制作精度要求高，斜撑所有钢筋与内部型钢都需要在现场进行焊接，焊接量很大，大大影响现场的施工效率。图3-62为斜撑设置过渡区实体模型模拟。

图 3-62　斜撑设置过渡区实体模型模拟

3) 方案三

加大斜撑型钢截面至斜撑所有应力均由型钢承担，整个斜撑内仅设置构造钢筋。

该方案同样将多向杆件相交的复杂节点钢筋施工的问题转化为了普通的清水混凝土梁

柱节点施工，并在方案二的基础上进行了改进，避免了方案二中型钢截面变化给钢结构上深化设计、加工带来的困难，也免去了斜撑钢筋与内部型钢焊接连接的麻烦。然而这一方案，将斜撑构件的受力由原有的型钢混凝土组合结构受力转化为了纯钢结构受力，完全颠覆了原有设计思路，设计师需要对整个结构受力都进行重新计算，设计周期非常漫长，结合本工程大量大开洞、大悬挑等异性结构的特点还存在重新进行超限审查的风险。

4）方案四

适当增大斜撑、梁型钢截面，增加型钢高度，加厚腹板厚度，由型钢承受更多应力，以减少斜撑、梁纵向钢筋数量，减小斜撑、梁钢筋直径，节点区仍然由型钢和钢筋共同受力。同时将影响斜撑钢筋穿插的柱侧面钢筋与柱角钢筋并筋形成钢筋束，为钢筋穿插留出更大空间。

该方案将设计中影响斜撑钢筋穿插的柱侧面钢筋与柱角钢筋进行了并筋处理，解决了斜撑钢筋无法穿插通过的问题。加大梁、斜撑构件内型钢后，构件内的钢筋数量以及直径均有所减少，使得各向钢筋在穿插过程中都有了一定的施工误差允许值，也为混凝土的下料预留出了一定的空间。柱侧面钢筋与柱角钢筋并筋形成钢筋束后，需要设计院对结构受力进行复核，部分柱钢筋进行了加强（不影响其他方向钢筋穿插的区域）。

通过现场大量模型的模拟制作以及三维图形的模拟分析，从操作难度、质量保证、设计周期三个方面对四种方案进行综合分析，见表3-23。

方案对比分析表 表 3-23

方案	操作难度	质量保证	设计周期
方案一	操作难度大	质量保证低	设计周期短
方案二	操作难度中	质量保证高	设计周期中
方案三	操作难度小	质量保证高	设计周期长且风险极大
方案四	操作难度中	质量保证高	设计周期短

由分析结果可知，方案三、方案四为较好的两个方案。但结合本工程本身工期就十分紧张的实际情况，故选择了方案四：适当增大斜撑、梁型钢截面，增加型钢高度，加厚腹板厚度，由型钢承受更多应力，以减少斜撑、梁纵向钢筋数量，减小斜撑、梁钢筋直径，节点区仍然由型钢和钢筋共同受力。同时将影响斜撑钢筋穿插的柱侧面钢筋与柱角钢筋并筋形成钢筋束，为钢筋穿插留出更大空间这一方案作为实施方案。

（2）方案实施

根据在三维模型制作以及实体模型模拟中暴露的问题，对方案实施问题进行了预测并制定了相应的措施：

1）针对管理人员、现场工人对选定方案不熟悉，影响现场施工速度的问题，项目组织进行方案研讨，明确施工流程（图3-63）；由项目技术负责人根据施工方案编制技术交底，对现场管理人员及班组长进行交底，讲解施工流程及施工要点。由现场管理人员对现场工人进行班前教育，使操作人员进一步明确施工流程及施工要点。

2）针对节点区域钢筋排布深化设计深度不够，导致连接器预制情况与现场需要情况不符，影响钢筋与型钢连接性能的问题，由项目技术部牵头确定深化设计原则，与专业钢

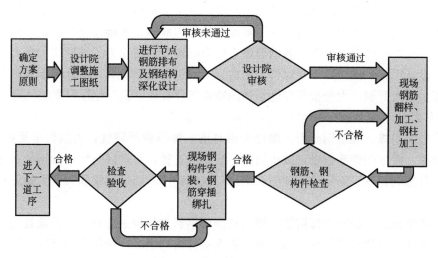

图 3-63　施工管理流程图

结构深化设计单位共同进行深化设计（图 3-64），指定专人对深化设计结果进行复核，对于空间结构过于复杂的节点绘制三维图形帮助结构深化工作，如图 3-65 所示。

图 3-64　深化设计结果复核

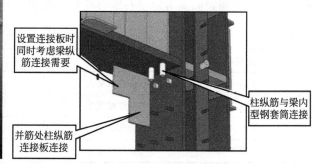

图 3-65　复杂节点绘制三维图

3）针对钢筋下料未充分考虑接头位置，节点区出现直螺纹接头，挤占钢筋穿插空间的问题，项目钢筋组提前介入钢筋翻样过程，根据深化结果对配筋图进行调整后再用于钢筋翻样。复杂节点涉及的各构件钢筋连接均采用一级套筒，使接头位置更加灵活，避开节点区域。

4）针对原钢结构供应单位型钢加工精度达不到规范要求，影响现场安装的垂直度、精度，挤占钢筋穿插空间的问题，项目通过对成都地区厂家重新进行摸底，最终更换了技术力量更为雄厚的厂家。

5）针对前序工序钢筋穿插施工时定位不准，影响其他方向钢筋就位，进而影响清水混凝土保护层厚度。质检部门在节点位置柱下层施工时即配备专人对柱钢筋定位进行跟踪检查，保证柱钢筋定位，保证柱筋并筋准确；施工过程中严格按照型钢→柱→斜撑→梁的钢筋穿插顺序进行施工，保证节点区钢筋就位后由外向内顺序应为柱筋→梁筋→斜撑钢筋。钢筋骨架成型后最外侧柱筋保护层保证 35mm。

3. 复杂节点钢筋穿插深化设计

由于节点区各构件型钢交汇，钢筋相互穿插，造成在节点区及节点区下部柱混凝土的下料、振捣困难，而清水混凝土要求混凝土浇筑必须密实，且表观质量良好。根据优化后的方案，构件中部钢筋与型钢需要进行连接，施工中需要对钢筋与型钢的连接和穿插方式进行深化设计措施。

（1）深化设计的原则

1）深化图中钢筋排布在扣除保护层厚度后应尽量均匀。梁纵向筋之间的净距一般不少于 30mm 并不小于 1.5d；柱纵筋之间的净距不小于 50mm 并不小于 1.5d。

2）当梁、柱、斜撑钢筋在节点处其他构件内型钢阻挡或其他方向钢筋阻挡无法按照原图纸要求穿插时，可以对钢筋进行调整，一般情况下只对梁钢筋进行调整。钢筋调整时应优先考虑调整钢筋排布，特别注意尽量保持节点钢筋贯通。如确需对钢筋直径作出代换，需要遵循等强代换的原则。同时尽量只代换支座钢筋，贯通筋不做调整。

3）当梁钢筋的排布受柱、斜撑的阻挡时，应优先按照两边对称的原则与型钢钢骨连接。

4）梁、柱、斜撑纵筋的排布要注意保护层的要求，尤其是清水混凝土保护层的要求。

5）箍筋在型钢上穿孔排布时需要避开型钢焊缝位置。梁、柱、斜撑节点处需注意各个构件箍筋穿孔，避免遗漏。

6）在型钢本体深化过程中要注意混凝土浇筑、振捣的需要，选取合理的加劲肋形式或在加劲肋适当部位预留混凝土浇筑孔。

（2）钢筋与构件内型钢穿插或连接形式选择

型钢混凝土钢筋穿插的深化设计采用 5 种方法解决此问题，即：钢筋绕过型钢、钢筋伸至型钢边弯锚、钢筋穿过型钢腹板、钢筋与型钢通过连接板焊接连接、钢筋与型钢通过焊接套筒连接。

1）钢筋绕过型钢

适用于钢筋能绕过型钢或钢筋按照筋按照最大 1:6 弯折后能绕过型钢的情况，一般情况下构件的外排钢筋多能符合此要求。钢筋绕过型钢，则型钢混凝土钢筋穿插问题即转化为普通钢筋穿插的问题，只需考虑钢筋与其他构件钢筋之间的相互穿插关系即可。此类处理方式对钢筋加工要求低，钢筋没有与型钢的连接关系，施工简便，因此条件允许时应优先采用。如图 3-66 所示。

2）钢筋伸至型钢边弯锚

这类处理方式仅适用于梁筋，当梁筋伸至型钢边直锚长度大于 $0.4L_{ae}$ 时可以采用此类处理方式，此类处理方式会导致节点区钢筋密集。当梁筋为两排时，可采用上排钢筋向上弯锚，下排钢筋向下弯锚的方式进行处理，避免钢筋过于密集。但有多向梁在节点相交时，梁筋伸至型钢边弯锚后可能会对其他方向钢筋穿插造成影响。如图 3-67 所示。

3）钢筋穿过型钢腹板

这类处理方式适用于钢筋穿插位置与型钢腹板相交并且直锚长度不够时，或钢筋穿过型钢后可贯通排布的情况，腹板应在构件加工厂采用机械开孔。考虑现场使用带肋钢筋的实际情况及施工误差需要，常用钢筋穿孔孔径一般见表 3-24。

图 3-66　钢筋绕过型钢

图 3-67　钢筋伸至型钢边弯锚

钢筋穿孔孔径表（单位：mm）　　　　　　　　　　表 3-24

钢筋直径	10	12	14	16	18	20	22	25	28	32
穿孔直径	15	18	20	22	24	26	28	32	36	40

注：当钢筋穿插方向与型钢腹板方向斜交时，穿孔直径应适当放大。

考虑型钢腹板对于保持柱型钢的整体刚度和稳定性起着重要作用，一般其穿孔率不得大于 25%，当穿孔率大于 25% 时需要对型钢腹板采用局部加厚的方式进行补强处理，加厚板与型钢构件需要有可靠连接。如图 3-68 所示。

4）钢筋与型钢通过连接板焊接连接

适用于构件型钢外边缘与混凝土外边缘距离较大的情况，如图 3-69 所示。为避免连接板伸出后阻挡与其垂直方向的纵向钢筋，仅当满足式（3-1）条件时，才能选用此类连接方式：

$$L + d + h_a + 10\text{mm}（施工误差）\leqslant D \tag{3-1}$$

式中　L——连接板长度；

　　　d——连接板垂直方向的纵向钢筋直径；

　　　h_a——纵向钢筋保护层厚度；

　　　D——型钢外边缘距离混凝土外边缘距离。

图 3-68　钢筋穿过型钢腹板

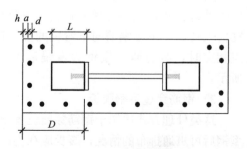

图 3-69　型钢梁截面

① 连接板长度确定：钢筋与连接板之间通过双面焊接连接，焊接长度为 5d，再考虑焊接时起弧、灭弧长度（各 10mm），以及钢筋下料长度误差，连接板长度设计见表 3-25。

连接板长度设计表（单位：mm）   表 3-25

连接钢筋直径	连接板长度
22	140
25	160
28	180
32	200

注：当钢筋另一端采用焊接套筒与型钢连接时，连接板长度还需加上焊接套筒长度。

② 连接板宽度确定：当连接板与型钢翼缘连接时与型钢翼缘板相同；当连接板与型钢腹板连接时根据需要连接的钢筋情况确定，一般与腹板宽度相同。

③ 连接板厚度确定：设计要求连接板厚度为 20mm，采用与型钢本体同材质的 Q345B 钢板。

为了保证连接钢板与柱型钢翼缘板的连接质量，连接钢板均在构件加工厂与型钢焊接，焊接采用坡口融透焊，焊缝等级不得低于二级。特别需要注意的是，由于连接板需要在加工厂与型钢预先焊接好，当需连接的钢筋有两排时，只能一排使用连接板连接，另一排采用其他方式。否则当两排连接板之间连接的钢筋多于一根时，钢筋与钢筋之间的焊缝现场无法焊接。如图 3-70 所示。

5）钢筋与型钢通过焊接套筒连接

适用于构件型钢外边缘与混凝土外边缘距离较小的情况。采用的套筒为专用的焊接套筒，套筒钢材为不低于 Q345B 的低合金高强度结构钢。焊接套筒长度为 40mm，一端预制为 45°坡口，用于与型钢焊接连接；另一端与普通直螺纹套筒相同，用于与钢筋连接。焊接套筒均在钢构件加工厂与型钢焊接，现场施工中只能旋转钢筋将钢筋与套筒丝扣相扣，因此在深化设计中应避免构件同一根钢筋两端均采用焊接套筒与型钢连接的情况。

考虑套筒与型钢连接时焊缝需要，深化设计中套筒与套筒之间净距不得少于 30mm，套筒边缘距离型钢边不得少于 25mm。焊接套筒与型钢翼缘焊接连接后两者垂直相交，因此仅钢筋穿插方向与翼缘方向正交时可以使用套筒连接。如图 3-71 所示。

图 3-70　钢筋与型钢通过连接板焊接连接

图 3-71　钢筋与型钢通过焊接套筒连接

考虑套筒与型钢连接时焊缝需要，深化设计中套筒与套筒之间净距不得少于30mm，套筒边缘距离型钢边不得少于25mm。焊接套筒与型钢翼缘焊接连接后两者垂直相交，因此，仅钢筋穿插方向与翼缘方向正交时可以使用套筒连接。

4. 复杂节点钢筋施工

（1）型钢定位控制

型钢混凝土组合结构施工中，构件内型钢一旦发生偏位，将对钢筋穿插造成极大影响。可能导致深化设计中绕过型钢的钢筋无法通过，与套筒连接的钢筋因套筒偏移不得不随之偏位等一系列问题，在施工过程中，以下问题特别需要注意：

1）支设模板不能以型钢为支点调整，模板加固时如需设置对拉螺杆则应避开型钢，更不能将对拉螺杆直接焊接在型钢上，如确需通过型钢的，应提前进行开孔。

2）施工过程中保护好的缆风绳、倒链等临时固定设施，不得随意拆除。

3）竖向构件浇筑时，混凝土尽量对称下料、对称振捣。

（2）节点区钢筋穿插

1）节点区按照柱纵筋、斜撑纵筋、梁纵筋的顺序按钢筋深化图进行穿插。柱纵筋在进入节点区之前需要提前调整好定位，避开梁、斜撑型钢位置。

2）完成斜撑纵筋穿插后在节点区之下预留3~4道箍筋不予绑扎，以便在梁纵筋穿插时调整斜撑纵筋位置，保证梁纵筋穿插空间不被占据。

3）当竖向结构与水平结构分开浇筑时，竖向结构混凝土浇筑前要在梁外排纵筋通过位置使用同直径的短钢筋卡位，保证竖向构件浇筑过程中柱、斜撑钢筋不至偏位后挤占梁纵筋穿插位置。同时，将梁钢筋的连接板、焊接套筒预先使用塑料薄膜包裹保护，以免在浇筑竖向结构时被混凝土填埋、堵塞。如图3-72所示。

图3-72　节点区钢筋穿插

5. 钢筋骨架保护层控制

钢筋保护层厚度直接影响结构耐久性，《混凝土结构设计规范》GB 50010及《清水混凝土应用技术规程》JGJ1 69根据混凝土结构的使用寿命、所处的环境条件、结构类型、混凝土强度等级以及清水混凝土施工工艺等对保护层的厚度作出不同的规定，《清水混凝土应用技术规程》JGJ 169指出外露清水混凝土梁柱主筋保护层厚度为35mm。因此本工程清水混凝土重点是保证主筋的最小保护层厚度，同时需要满足箍筋保护层厚度不小于20mm 的要求。

在钢筋保护层控制方面，采取以下技术措施：

（1）在钢筋翻样下料时，采取计算机辅助设计，合理、充分考虑节点密集钢筋穿插，加强钢筋制作质量控制，保证半成品尺寸的精确。钢筋绑扎时，严格按深化设计确定的节点钢筋相互穿插关系和施工顺序组织施工，对钢筋绑扎过程中的偏位及时调整。

（2）模板支设时，充分采取技术措施，对施工缝处伸出钢筋限位，在本分项工程中，将采用定位柱箍与模板结合进行柱钢筋的临时支撑固定牢固，将误差控制在允许范围。

（3）准备不同厚度的保护层垫块。清水混凝土侧面采用塑料卡形垫块，斜柱底面和梁底垫块需承受钢筋骨架、施工荷载、混凝土浇筑荷载，因此斜柱底面和梁底采用实心塑料垫块。垫块根据已认可的清水混凝土样板颜色订货，保证垫块颜色与清水混凝土颜色一致。如图 3-73 所示。

图 3-73 饰面清水混凝土保护层垫块的施工应用实例

（4）梁柱侧面塑料垫块采用梅花形布置，间距不超过 500mm；阴阳角、梁柱交接部位、模板拼缝均需设置塑料垫块；梁底、斜柱底实心塑料垫块布置纵向间距不大于500mm，横向间距不大于 300mm。

（5）在安放墙柱及梁侧塑料卡环保护层垫块时，塑料卡环的开口应向上或向下，避免模板加固时破坏塑料垫块。

3.4.3 特殊部位的饰面清水混凝土模板加固体系

在型钢混凝土结构中，一般的柱模板加固体系是通过对拉螺栓将柱四周模板加固，对跨度较大的型钢混凝土柱模板加固时，在型钢上穿孔采用高强螺杆加固，这种施工方法加固简单，能保证施工质量。在清水混凝土的施工中，采取玻璃纤维螺杆代替了普通高强螺杆，仍然采取型钢腹板预穿孔的方式进行加固。但对于 T1 主入口位置巨型钢结构转换桁架处的型钢腹板，由于其在整个结构受力上的重要性，设计明确要求此部分钢结构上禁止穿孔，必须采取新的方式进行模板加固。

为了避免出现饰面清水混凝土型钢加固不到位、胀膜等一系列问题而无法满足建筑师对饰面清水混凝表观效果的严格要求，本工程通过研制一种型钢混凝土柱模板加固体系，解决了上述问题。该模板加固体系操作简单、投入少，能有效保证型钢混凝土柱不胀膜，确保型钢饰面清水混凝土的施工质量。

模板加固体系主要包括结构柱中型钢、连接板、钢筋、套筒、定型模板和高强螺杆，如图 3-74（a）所示。钢筋一端与结构柱中型钢上的连接板焊接，钢筋另一端通过套筒与高强螺杆一端连接，高强螺杆另一端穿过定型模板的主龙骨后固定。

柱饰面清水混凝土定型模板的主龙骨为双槽钢背楞，两根槽钢背对背组合，与定型模板体系焊接，如图 3-74（b）所示。连接钢筋和高强螺栓的套筒外边贴近定型模板一侧附加一圈具有收缩性的塑料垫圈。

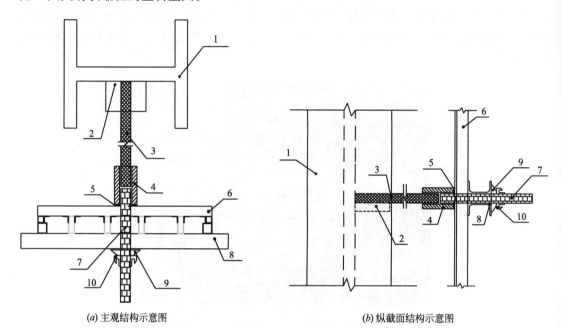

(a) 主观结构示意图　　　　　　　　　　(b) 纵截面结构示意图

图 3-74　模板加固体系

1—结构柱中型钢；2—连接板；3—钢筋；4—套筒；5—塑料垫圈；
6—定型模板；7—高强螺杆；8—背楞；9—垫片；10—螺帽

连接板根据模板孔眼位置焊接在柱中型钢的腹板上，模板安装及加固时，将钢筋一端采用双面焊焊接在该连接板上。套筒连接的钢筋与高强螺杆的一端均车丝，车丝后将套筒拧在钢筋上，套筒的端部距拟浇筑混凝土面 2mm。橡胶垫圈粘贴于套筒外侧后进行定型模板安装，高强螺杆穿过定型模板的双槽钢背楞并拧入套筒，模板外侧后附加垫片并用螺帽拧紧固定。所采用的塑料垫圈具有可收缩性，待混凝土浇筑完成、模板拆除后可将其取出，将混凝土表面进行局部修补，最终达到饰面清水混凝土的外观要求。如图 3-75 所示。

3.4.4　型钢混凝土组合结构及多向杆件交叉节点饰面清水混凝土工程

1. 复杂节点清水混凝土施工

型钢混凝土组合结构多向相交的节点中，由于节点区各构件型钢交汇，钢筋相互穿

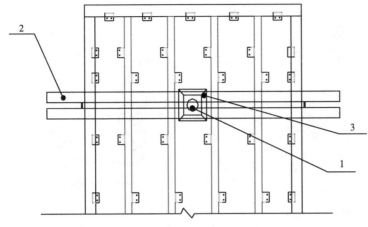

(a) 正截面结构示意图

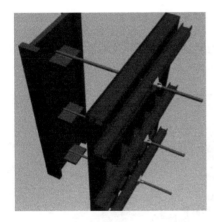

(b) 模拟图

图 3-75　型钢饰面清水混凝土柱模板加固体系示意图

1—高强螺杆；2—背楞；3—垫片

插，造成对节点区及节点区下部柱混凝土的下料、振捣困难，而清水混凝土要求混凝土浇筑必须密实，且表观质量良好，因此施工中必须采取相应措施：

（1）研制并采用自密实混凝土浇筑。自密实混凝土作为高流态混凝土，既有高度流动度，又不会离析，具有均匀性、稳定性，可以可靠地将构件内空隙填满，保证混凝土的密实性。

（2）研制"型钢饰面清水混凝土新型现浇混凝土结构振捣体系"，采用外挂式振动器辅助振捣（图 3-76）。由于清水混凝土对混凝土表观质量的要求，采用外挂式振动器辅助振捣可以有效减少混凝土表面气泡数量。设置外挂式振动器位置需要设置两道槽钢背楞，外挂式振动器的平板与槽钢背楞采用螺栓连接。外挂式振动器使用时震动会使蝴蝶卡松动，对原有模板加固体系造成影响。因此使用过程中必须有木工对加固体系进行维护。

（3）当层高较高（大于 4m）时，为保证清水混凝土构件的浇筑效果，采取清水混凝土柱先行浇筑，清水梁与楼板、核心筒等再一起浇筑的施工方式。在浇筑柱混凝土时梁钢筋还未绑扎，节点区尚未完全成型，混凝土下料空间较为充裕，也方便进行振捣。

（4）混凝土班组配置直径 30mm 的小型振动棒，对难以振捣的部位进行辅助振捣。

图 3-76　外挂式振动器辅助振捣

（5）在型钢本体的深化设计过程中充分考虑混凝土下料、振捣的需要，调整加劲肋的形式或在加劲肋上预留混凝土下料孔、气孔（图 3-77）。

图 3-77　预留混凝土下料孔、气孔

2. 自密实清水混凝土研制

自密实清水混凝土结合了自密实混凝土和清水混凝土两者的特点，要求混凝土拌合物具有以下特性：高流动性、填充能力、穿越能力、抗离析能力、饰面效果，这给项目的开展提出了极高要求。自密实清水混凝土要求既达到自密实混凝土的高工作性能，同时实现其清水饰面效果，满足本工程颜色、表观质量要求。在配合比设计过程中必须进行大量饰面效果试验，制作混凝土样板，实现自密实清水混凝土"内实外光，无色差、孔洞、水纹"的要求。

（1）配合比设计

自密实清水混凝土配合比设计方法研究，包括骨料与外加剂的选择，胶凝材料与砂率的确定等。自密实清水混凝土配合比试验研究工作，配制出高流动性、匀质性、稳定性，满足"饰面清水"和"自密实"双重要求的高性能混凝土。

自 2010 年 1 月起，进行自密实清水混凝土配合比设计和优化试验。进行试配 40 余次，对比不同配合比新拌混凝土工作性能优劣（图 3-78）。最终，成功配制符合要求的混凝土。实现混凝土工作性能各项指标，经检验 3h 内混凝土无经时损失。

(a) 混凝土U型箱试验

(b) 混凝土扩展度试验

图 3-78　混凝土试验

（2）试验模拟

为检验自密实清水混凝土的实际施工效果，用木模拼装 1.2m×1.5m×1.9m 十字模型，模拟现场配筋方案，生产自密实浅色饰面清水混凝土，进行施工模拟。

新拌混凝土流动性高，完全达到自流平，但粘聚性、抗离析性能欠缺，表面泌浆。成型拆模后内实外光，表面无气泡，有水纹出现。说明密实度良好，外加剂掺量和用水量须进一步调整。

拆模后通过与浅色饰面清水混凝土进行颜色对比，两者颜色差异较小，自密实浅色饰面清水混凝土颜色达到饰面要求（图 3-80）。

(a) 模拟工字形钢

(b) U形筒试验

(c) 拆模后表观

图 3-79　试验模拟效果

3. 型钢饰面清水混凝土新型现浇混凝土结构振捣体系

成都来福士广场项目工程饰面清水混凝土结构对混凝土浇筑质量非常高，而在本工程的建筑结构中往往有大量的型钢混凝土组合结构、斜撑等复杂结构，且钢筋密集。在进行混凝土浇筑时，往往因为结构构件异形、钢筋密集等因素造成混凝土无法振捣、混凝土成型质量差等一系列问题。附着式高频振动器一般应用于桥梁预制厂，通过在模板外部振捣可保证混凝土的观感质量，但由于震动频率较高，很少应用于现浇混凝土结构中。

针对成都来福士广场工程饰面清水混凝土的上述问题，本工程研制并应用了饰面清水混凝土高频振动器在模板外部振捣，不用伸入混凝土结构内，且能有效保证钢筋密集的节点、复杂结构的混凝土密实度，保证混凝土浇筑质量，本实用新型工具有操作简单、投入少、能周转利用等优点。

该新型现浇饰面清水混凝土结构振捣体系，主要包括高频振动器、底座、双槽钢和模板体系。如图 3-80 所示。

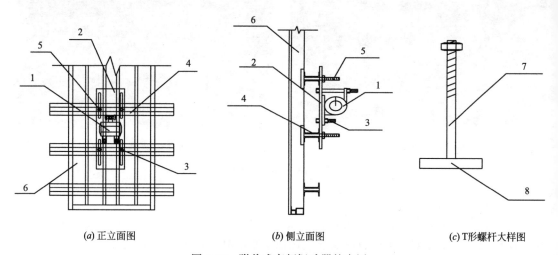

(a) 正立面图   (b) 侧立面图   (c) T形螺杆大样图

图 3-80　附着式高频振动器的应用

1—高频振动器；2—底座；3—普通螺栓；4—双槽钢；5—T 形螺栓；
6—模板体系；7—高强螺杆；8—钢筋

体系中的高频振动器与底座相连，底座采用 20mm 厚的钢板制作而成，底座上开有 4 个椭圆形孔，孔的间距须与双槽钢间距匹配，椭圆孔是为了方便调节。底座与双槽钢固定，双槽钢为模板体系背楞，由 2 根槽钢背对背焊接而成，2 根槽钢间有 25mm 距离需根据混凝土浇筑高度、浇筑速度等计算确定双槽钢的大小和间距，双槽钢的选择需考虑高频振动器的影响，适当增大型号或缩小间距。

用于连接振动器底座和双槽钢的 T 形螺杆采用一根普通螺杆和一根钢筋焊接成 T 字形（图 3-80c）。双槽钢与模板体系焊接为一个整体。模板体系经计算确定背楞大小间距，该模板体系最好为大模板体系，需考虑高频振动器的影响，适当提高强度和刚度。

具体实施工程为：将带有双槽钢的模板体系安装完成并进行可靠加固；采用普通螺栓将高频振动器与底座连接牢固；将 T 形螺杆穿过模板体系的双槽钢，将高频振动器及底座与双槽钢相连；混凝土浇筑时将高频振动器电源接通 45～60s（图 3-81）。

型钢饰面清水混凝土新型现浇混凝土结构振捣体系特别适用于对观感质量要求高的饰面清水混凝土结构施工、复杂异形结构和钢筋密集的超高层现浇混凝土结构施工，也适用于桥梁、大坝等现浇混凝土结构施工。

3.4.5　型钢饰面清水混凝土的"延迟浇筑"

对于某些受力特别大的构件或局部采用纯钢结构外包饰面清水混凝土的受力体系，例

图 3-81 型钢饰面清水混凝土新型现浇混凝土结构振捣体系施工实例图

如塔楼 T1 主入口上部设置的三层高大型钢结构转换桁架、T2 东悬挂式钢结构报告厅等，如果采用常规的先施工构件内钢结构，再立即进行当层清水混凝土施工的方法，则待上部荷载增加后，这些部位所承担的巨大荷载而产生的变形将导致外包混凝土出现大面积开裂，并对清水混凝土外观质量造成负面影响。因此，对于这些部位的饰面清水混凝土均须待其钢结构转换桁架或悬挂体系形成整体受力结构后再行浇筑。此时，由于其内部钢结构已经形成空间受力体系，整体刚度大大加强，避免出现常规施工工序下，钢结构受力构件在还未形成整体空间受力时承担较大荷载和导致的变形（图 3-82）。

在空间整体受力体系形成，并达到设计强度后，为避免后期继续加载时的裂缝产生，采用切割诱导缝以主动控制裂缝，并对诱导缝进行柔性密封处理，诱导缝选择的位置与饰面清水混凝土要求的禅缝位置重合。这样，既可保证混凝土表面不出现其余裂缝，又可避免因混凝土对钢结构包裹不密实而使钢结构防腐受到影响，并且保证了饰面清水混凝土的成型效果。

(a)转换桁架位置效果图

(b)转换桁架整体空间受力体系形成

图 3-82 转换桁架示意图

4 复杂群体建筑绿色施工技术集成

随着我国社会经济的发展，绿色环保的理念已经越来越深入人心。作为国民经济的支柱产业，也是耗能大户的建筑业，推进绿色建筑是近年来建筑发展的一个基本趋势，也是建设资源节约型、环境友好型社会的重要环节。

绿色施工技术是可持续发展理念在工程施工中全面应用的体现，并不仅仅是简单地在工程施工中实施封闭施工，没有尘土飞扬、没有噪声扰民，在工地四周栽花、种草，实施定时洒水等这些内容，还涉及可持续发展的各个方面，如生态与环境保护、资源与能源利用、社会与经济的发展等内容。

基于此，成都来福士广场项目着力打造成为"超级绿色建筑"，对施工模拟技术在复杂建筑绿色施工中的应用、大体量特色饰面清水混凝土技术在绿色施工中的应用、绿色建筑技术及绿色施工技术的集成应用，以及 LEED 体系的施工实施进行了研究归纳，并形成了成果"复杂群体建筑绿色施工技术集成"。

4.1 复杂建筑施工模拟技术

4.1.1 城市核心区群体建筑施工全过程模拟技术

1. 研究背景

随着我国经济水平的快速发展，城市核心区由于其不可替代的区位优势愈发重要起来，其土地价格更是"寸土寸金"。因此在建筑红线内更好地利用土地，成为现代商业开发时关注的焦点，部分项目开挖的基坑边线与建筑红线甚至重合，在此情况下，在工程场地内很少有场地能提供为施工所用。与此同时，在城市核心区兴建的项目，其周边环境往往较复杂，项目周边同样难以找到适合的施工用地。因此，在城市核心区进行大型建筑施工时，如何合理地进行施工安排与部署，既满足工程建筑精细化施工的需要，也要充分利用现有资源，避免重复工作造成资源浪费，成为亟需解决的问题。

成都来福士广场项目位于成都市人民南路与一环路交接处的城市核心区域，场地东面紧邻居民小区，南面围墙外为四川省文物管理局，北面与电子数码城仅一墙之隔，西面紧邻人民南路。工程用地拍卖面积 33628.70m²，规划建设净用地面积 32574.26m²，建设用地面积达到建筑红线用地的 96.9%。本工程地下室单层建筑面积约有 3.1 万 m²，地下室施工阶段混凝土工程量近 10 万 m³，钢材大约 1.8 万 t。因此，在没有任何可用的施工场地的客观条件下，如何保证本工程施工顺利进行，以及科学、合理组织和协调各种资源，有效解决施工场地问题，这是成都来福士广场总体施工部署、组织和协调管理最大的课题。

2. 研究内容及关键技术

依托成都来福士广场项目，对建设在城市核心区域的大型群体建筑施工部署进行了研究。在研究图纸及合同工期的基础上，通过对项目施工全过程的三维动态模拟，进行全面施工部署。在合理高效利用资源的基础上，对项目各施工阶段的平面布置进行规划，重点关注材料加工场地及堆场的设置与现场施工的协调，减少施工场地的搬迁次数。

3. 城市核心区群体建筑施工全过程模拟技术的应用

工程地下室基本满布建设场地，基坑边坡紧贴现场围墙，仅西北侧局部基坑边坡离围墙有 6m 距离（用作现场办公区），其余部位均无可利用的场地，其中北边及东北角部分支护桩与围墙平齐（图 4-1）。

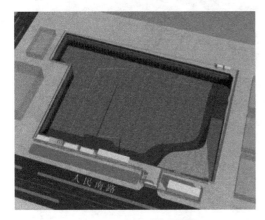 

(a) 项目场地情况模拟　　　　　　　　　　(b) 基坑与外墙距离

图 4-1　场地基坑模拟及周边实景图

通过场地情况模拟，在施工总体安排上，考虑工程地下室单层施工面积达 31000m²，地下室结构需分区分段组织流水施工。因此考虑将材料加工及堆场设置在场地中心 Q3、Q2 区，方便各区施工时的材料吊运，随着项目进度逐步周转至地下室顶板；土方坡道在 T1、T2 筏板浇筑完毕且钢结构平台施工完毕后进行收方，一方面可增加材料卸运点，缩短材料卸运时间；另一方面可利用未开始筏板施工的区域作为混凝土浇筑场地，提高施工效率。在地下室结构施工阶段，考虑在 Q1 区设置一个钢结构平台作为地下室结构施工阶段的混凝土浇筑平台。

确定施工总体安排后，对整个现场施工布置进行三维全过程模拟，在此过程中相继明确塔吊安装顺序、地下室分区流水施工顺序、马道收除时间、材料加工厂及堆场搬迁位置、各阶段验收时间及后续工序插入时间等各项工作安排。在三维全过程动态模拟帮助下，完成了整个施工过程的全面精细化部署，施工部署全过程如图 4-2 所示。

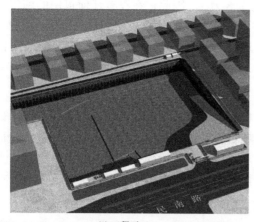

(1) 工程开工

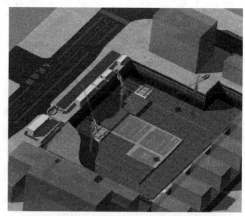

(2) 进场后完成1号、2号和5号塔吊安装，
Q3区硬化后搭设平台布置加工场地

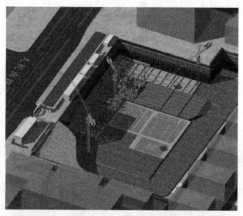

(3) D1和Q1-1区底板完成，开始搭设临时钢平台

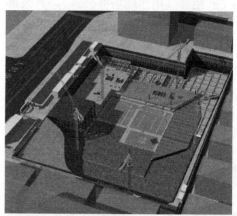

(4) 完成3号、4号塔吊安装，D2区底板完成

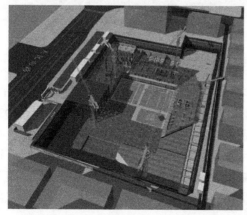

(5) T4区底板大体积混凝土施工；D3区底板完成，
开始收马道土方

(6) T5区底板大体积混凝土施工；D4区底板完成，
开始施工Q2区垫层、防水及底板混凝土结构

图 4-2　施工模拟流程图（一）

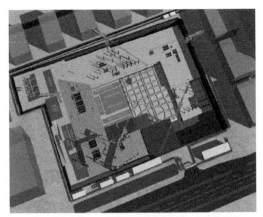

(7) T1塔楼范围地下室混凝土结构封顶；Q2区底板施工完，Q2-2区作为临时加工场地和堆场；土方预留马道挖运完，开始施工Q1和D5区底板

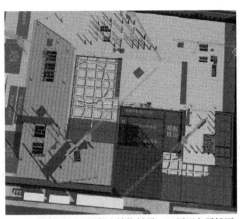

(8) T2塔楼地下室混凝土结构封顶；D1区正负零楼面临时加工场地和堆场布置，Q3区底板开始施工

(9) T3塔楼地下室混凝土结构封顶；D2区正负零楼面临时加工场地和堆场布置

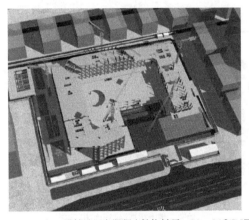

(10) T4和T5塔楼地下室混凝土结构封顶；Q3、Q1和D5区地下室结构施工；T1、T2和T3塔楼地上结构施工

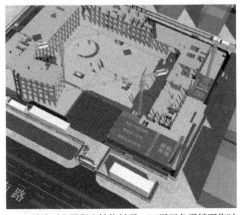

(11) D5区地下室混凝土结构封顶；D4区正负零楼面临时加工场地和堆场布置；Q2-2区底板上临时加工设施和材料开始转移，准备施工地下室结构

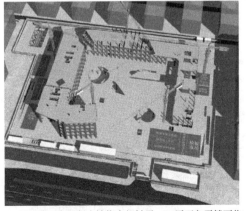

(12) 地下室混凝土结构全部封顶；D5区正负零楼面临时加工场地和堆场布置；T1~T5塔楼地上结构施工

图 4-2　施工模拟流程图（二）

(13) T1塔楼地上9层混凝土结构完成，插入钢桁架吊装施工；地上裙楼框架混凝土结构分区开始施工

(14) 地上1号和2号钢连桥吊装施工

(15) T1和T2塔楼结构15层施工完，进行阶段结构验收；地上裙楼混凝土结构完成

(16) T3塔楼结构18层施工完，进行阶段结构验收；T1~T2塔楼开始插入砌体施工；地下室和裙楼开始砌体施工

(17) T4和T5塔楼结构15层施工完，进行阶段结构验收；T3塔楼插入砌体施工，T1和T2塔楼粗装修和机电安装开始施工；地下室和裙楼粗装修和机电管线安装

(18) T1和T2塔楼结构封顶；T1和T2塔楼全面进行砌体、粗装修和机电安装；地下室和裙楼粗装修和机电管线安装

图 4-2　施工模拟流程图（三）

(19) T4塔楼结构封顶；T4塔楼全面进行砌体、粗装修和机电安装；T1、T2和T4塔楼屋面工程及幕墙施工

(20) T5和T3塔楼结构封顶；塔楼全面进行砌体、粗装修和机电安装；裙楼及部分地下室精装修开始施工，塔楼屋面工程及幕墙安装施工

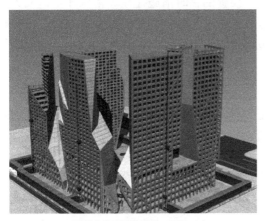

(21) 裙楼室外配套及绿化工程施工完

(22) 工程全面竣工

图 4-2　施工模拟流程图（四）

4. 实施效果

在城市核心区群体建筑施工中，通过三维全过程的模拟分析，对施工安排做出了全面精细化部署。三维动态模型应用，最大限度地直观展现了施工各阶段的细节，为各区相互穿插流水施工、材料组织、大型施工机械设备进退场、材料场地设置及搬迁等安排提供了可靠依据，避免了常规施工管理上凭经验决策造成的种种弊端。通过三维全过程模拟分析进行的施工部署，取得了以下效果：

（1）合理对施工部署进行了整体规划，形成施工流水，通过延迟收马道保证材料运输、预留施工区设置材料加工场地及堆场的方式，解决了施工初始阶段整个现场没有场地的难题。

（2）材料加工场地及堆场的设置完全避开施工关键线路，保证了整个项目施工生产的顺利进行，也减小了各项施工资源投入。选择的场地位置既方便原材料的进场，也能充分发挥大型设备的半成品转运能力。各阶段施工场地间有足够交接时间，可以满足搬迁需要。保证了整个项目施工过程中材料加工场地及堆场一次搬迁到位，避免在施工过程中常出现的因施工部署调整导致加工厂及材料堆场的反复搬迁。

（3）通过全过程模拟分析方法的应用，对马道收尾时机、大型机械设备的进出场安排、各区流水施工节拍、后续工序的插入节点、加工厂搬迁时间等都进行了细化部署，提高了资源利用效率，完善了各工序的衔接，大幅提高了施工现场管理水平。

4.1.2 复杂结构施工模拟关键技术

1. 研究背景

建筑上独特的造型往往形成多种复杂的结构体系。造型上的突出特点包括：高位突出悬挑、斜向悬挑、竖向构件不连续、立面开大洞、高位大尺度体型收进、突出块体、空中连桥等。平面、竖向的不规则，甚至是特别不规则，给施工都带来了极大的困难和挑战。这些部位往往作为施工重点、难点加以对待，也是施工过程中措施投入极大的部分。传统的施工中往往凭借经验或仅仅对这些部位进行简单的荷载分析，即确定施工中临时措施方案。由于没有对施工过程进行详尽的模拟分析，设置的临时措施往往非常保守，造成大量的人力、物力的浪费。随着绿色施工观念的深入，探求一种合理的模拟分析方式，根据模拟分析结果适当地采取临时措施，从而做到施工过程中安全性与经济性的统一，成为践行绿色施工理念的必然要求。

2. 研究内容及关键技术

（1）对于大开洞、大悬挑等复杂结构，充分考虑施工阶段的加载模型与设计一次加载模型的本质区别，按照阶段施工的方法，综合考虑复杂结构的施工成型过程及卸载过程，建立能与结构共同作用的支撑体系分析模型，利用时变的施工过程分析方法，对加载与卸载过程分别进行准确的模拟分析，选取最不利情况进行支撑体系的设计。其中，通过对卸载顺序及卸载行程的选择，使得最不利情况出现在加载过程中，削减最不利状态的荷载峰值，减小支撑体系的投入。

（2）对于大型钢桁架作为转换结构的大开洞部位，充分考虑钢桁架自身承载力利用，通过模拟分析施工期复杂结构大跨度转换桁架受力性能，研发复杂结构大跨度转换桁架自支撑施工关键技术。该技术充分利用了大型钢桁架刚度大、承载力高的特性，取消了常规施工工艺中下部支撑的设置，大大节约了资源消耗。

3. 复杂结构施工全过程模拟分析

（1）型钢混凝土转换结构施工的全过程模拟分析与控制

在复杂结构的施工过程中，通常需要先搭设临时支撑体系进行复杂结构的施工，直至上部复杂结构空间受力体系形成后，再对支撑体系进行卸载。一般认为，在结构形成的过程中（即可视为对支撑体系的加载过程），支撑体系所承受上部体系作用荷载一般是处于单调增长的模式。但随着结构整体受力体系的逐渐成型，材料和构件刚度的增长，材料的收缩或相应变形的发生，部分荷载在施工这一时变过程中，转由已成型的结构所承担。另外，在卸载过程中，如果不注意卸载的顺序及行程，可能在某一支撑点位形成荷载的累加效益，使得该点的最不利受力状态出现在卸载过程中。

因此，在复杂结构施工选择支撑体系时，简单地将上部结构荷载考虑为由支撑体系直接承担，或者仅考虑加载过程，而忽略了卸载过程中支撑点受力的不规律变化，都是不合理的。特别对于一些特殊结构的转换位置构件的分析，必须综合考虑复杂结构的施工成型过程及卸载过程，进行准确的模拟分析，并选取其中的最不利情况进行支撑体系的设计与施工。

以成都来福士广场项目 T2 区西侧大悬挑为例（图 4-3）：T2 西侧自 L12 层起为 10m 大悬挑结构，L12～L16 层为型钢混凝土转换结构，其西立面为普通混凝土构件，南北立面为清水混凝土构件。按设计要求，L12～L16 层型钢混凝土转换结构施工时，须设置临时刚性支撑，待转换结构受力体系成型后（即 L12～16 层混凝土达到设计强度后），方可拆除下方临时刚性支撑，使结构荷载整体一次性加载于悬挑转换结构。

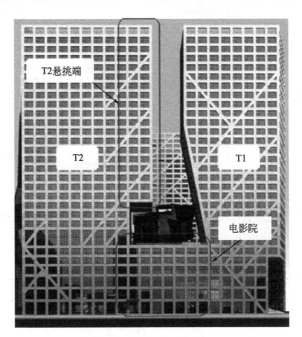

图 4-3 北立面效果图

1）加载过程模拟分析

加载过程的模拟分析是以时变的施工力学为基础，按照阶段施工的方法，对模型整体进行层层加载，并考虑后一个施工工况的计算分析是在前一个阶段的受力特性的基础上进行的。根据结构设计和施工工艺的需要支撑体系选择为型钢结构胎架，如图 4-4 所示。

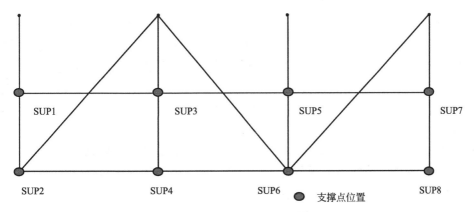

图 4-4 支撑体系支撑点平面位置示意图

用阶段施工加载过程来模拟大悬挑结构的施工过程，在施工过程中，悬挑结构的刚度、质量、荷载等是一个不断变化的过程，对定义的每一个施工阶段只进行一次分析，且后一次分析计算是在前一次分析计算结果的基础上进行，是一个静力非线性分析过程。结构加载过程的模拟计算（层层加载模式计算）及计算模型，如图4-5所示。

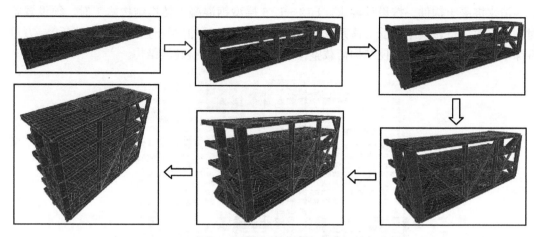

图4-5 结构加载过程计算模型

加载过程中（即大悬挑主体结构的施工过程），SUP1～SUP8支撑点的轴向反力模拟计算值见表4-1。

支撑点反力模拟计算值（单位：kN）　　　　　　　　　　　　　表4-1

加载次数	SUP1	SUP2	SUP3	SUP4	SUP5	SUP6	SUP7	SUP8
1	320	250	300	424	229	423	293	221
2	628	281	413	711	510	879	521	421
3	899	500	470	971	562	1093	860	443
4	1122	1096	419	1841	512	1932	1124	981
5	1278	1263	466	2527	587	2267	1283	1263
6	1173	1355	573	2327	1130	1938	1192	1389
7	1006	1215	693	2030	1143	1653	1029	1268

通过表4-1可以看出，在最不利荷载工况下，支撑点的最大反力出现在SUP4，最大反力模拟值为2527kN。该最大反力在第5次加载时出现，即L16层楼板刚浇筑混凝土，但结构自身还未开始受力时。虽然L17、L18层之后相继施工，上部荷载进一步加大，但转换结构自身已开始形成良好的受力体系，开始承担部分竖向荷载，并且随着主要施工荷载作用面的变换，因此在支撑体系内各支撑点荷载反而有所减小。

2）卸载过程模拟分析

复杂结构的卸载是将临时支撑体系和主体结构共同形成的受力体系转换为由设计结构（大悬挑结构）独立受力的一个复杂的力学转换过程。为了实现在卸载过程中，结构内力平稳有序的由临时支撑结构转化到永久结构中，确保各支撑点在卸载过程中最不利受力不超过加载过程、削减支撑体系的受力峰值，对复杂结构的卸载过程进行精心设计并精确模拟分析是不可或缺的。

　　T2区西侧大悬挑结构卸载分析模型如图4-6所示，模拟分析L12～L16层型钢混凝土大悬挑结构转换体系在卸载过程中的内力和位移变化情况，即大悬挑结构空间受力体系形成后的模型。

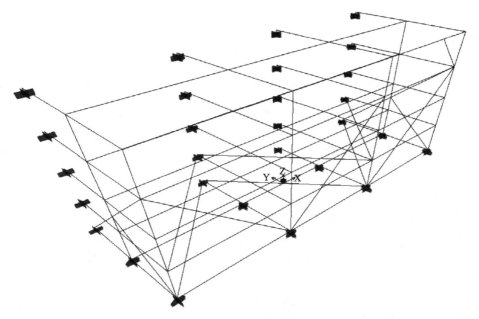

图4-6　结构变形模态

　　经分析，对本工程中的复杂结构卸载采用"位移和受力控制兼备，以位移控制为主"的主要控制思路，确定采用对称分步、循环微量下降的小位移卸载方法；对型钢支撑胎架的卸载过程中优先释放反力最大的SUP4、SUP6支撑点（表4-2），最后释放反力最小的SUP3、SUP5支撑点。短立柱对称切割后，大悬挑结构由砂箱支撑，通过砂箱排砂实现永久结构卸载，具体实施步骤如图4-7所示。

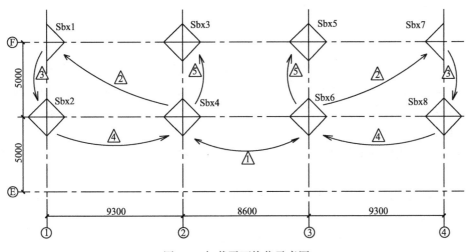

图4-7　卸载平面换位示意图

支撑点反力值（单位：kN）   表 4-2

卸载次数	SUP1	SUP2	SUP3	SUP4	SUP5	SUP6	SUP7	SUP8
1	761	585	649	1113	751	1149	611	510
2	255	408	583	1078	747	513	281	424
3	0	281	462	332	713	345	0	228
4	0	0	317	175	420	211	0	0
5	0	0	178	0	211	0	0	0
6	0	0	0	0	0	0	0	0

根据模拟分析结果，复杂结构卸载采用的对称分步、循环微量下降的小位移卸载方法，保证了卸载过程中支撑体系承担的荷载有序地向主体结构当中转移，在卸载过程中各支撑点的受力均呈现下降的趋势。

（2）钢结构转换结构施工的模拟分析与自支撑施工技术

当前工程界对于大跨度钢结构转换桁架通常采用有支撑安装法，即在桁架安装阶段设置临时支承胎架，以临时支承胎架作为桁架的支承结构，形成空间传力体系，待结构安装完成后，再进行卸载，拆除临时支承胎架。该安装技术工程应用较多，也相对比较成熟，但需投入大量的支承措施，成本投入较大，且临时支承胎架需进行专项设计，以保证安装全周期内其承载能力满足工程要求。基于此，为减少资源投入，进行节约化施工，拟以本工程为依托研究一套适于大跨度桁架的桁架自支撑安装技术，该技术的最大特点是桁架安装时无需设置临时支承胎架。为实现这一目标，必须对桁架自支撑安装全周期进行施工过程模拟分析。

以 T1 主入口为例，主入口大开洞洞口高度 25.11m，跨度折线距离 41.6m、直线距离 32.5m。其外立面及中部设计为大型转换桁架，洞口上方数层为转换层，需承担上部二十余层结构荷载。

1）桁架安装全周期的结构受力响应

分析采用大型通用有限元分析软件 MIDAS 进行全周期模拟计算，通过建立整体结构模型，计算各施工阶段的结构位移、应力水平及稳定性等性能参数在整个施工过程中的变化情况，以对施工过程的安全性及方案的可实施性做出分析判断。根据分析，典型施工阶段结构应力分布如图 4-8 所示。

根据图 4-8 大跨度桁架安装全过程施工模拟分析结果，可得出：钢结构最大组合应力总体呈现增长之势，但十分平缓，仅在最终阶段出现较快的增长；施工全周期结构最大组合应力总体水平偏低。结构安全可控，安全裕量充足，结构具有较好的整体稳定性能。

2）楼层施工对桁架承载力影响评估

根据设计院提供的上部楼层传递的力施加于施工阶段分析的最后一步（即转换桁架安装完成并浇筑混凝土后），来复核桁架的性能。分析时按照不考虑温度参与作用、考虑温度参与作用等两种典型的受力工况（两种工况均考虑结构自重荷载及施工荷载等），分析结果如下：

① 工况一：不考虑温度参与作用（图 4-9）。

② 工况二：考虑温度参与作用（图 4-10）。

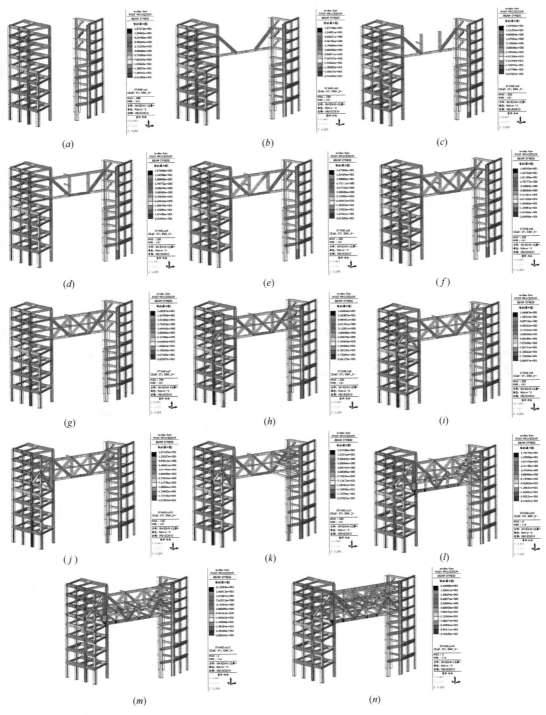

图 4-8 施工阶段结构应力分布图

因此，以结构封顶至 29 层时为最不利工况，按照不考虑温度参与作用、考虑温度参与作用等两种典型的受力工况进行模拟分析，根据分析结果，两种荷载状态下结构最大位移、最大变形矢量和、最大应力，均应小于 Q390 钢材的许用应力，结构可以保证安全。对于本工程的大跨度转换桁架，桁架自支撑安装法可以安全实施，方案可行，并且通过模

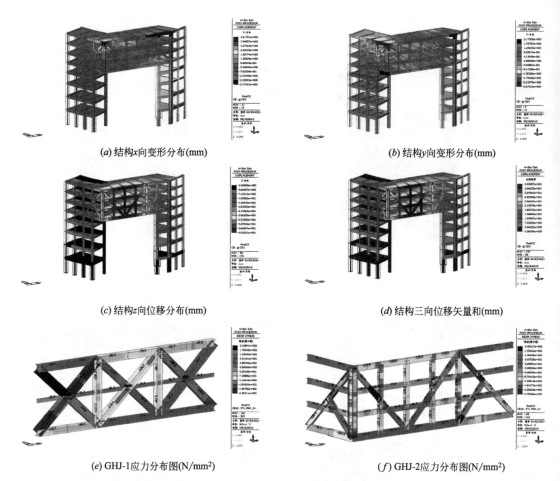

(a) 结构x向变形分布(mm) (b) 结构y向变形分布(mm)

(c) 结构z向位移分布(mm) (d) 结构三向位移矢量和(mm)

(e) GHJ-1应力分布图(N/mm²) (f) GHJ-2应力分布图(N/mm²)

图 4-9　工况一作用下的桁架结构受力状态

拟分析结果进一步优化了桁架的安装顺序，减少了施工过程对桁架以及结构整体产生的"路径效应"。

4. 实施效果

通过对复杂结构施工的全过程模拟，得到了精确的施工全过程结构体系及支撑体系的受力状态，为选择临时支撑体系甚至取消常规方案中的临时支撑体系提供了依据。通过实际实施以及同步监测数据分析，所采用的模拟分析方法与实际施工情况相当吻合。通过分析，对施工方案产生了以下优化效应：

（1）型钢混凝土转换结构施工全过程模拟分析的优化效应

1）加载过程

若该支撑体系以常规方案进行设计，参照设计图纸要求的"上部五层结构完全形成后方可卸载"的要求，参照约 9 天一层的施工进度，临时支撑体系需要考虑上部 8 层结构的自重以及相应的施工周转架料的全部重量，由此受力最大的 SUP4 受到的最大荷载将达到约 3200kN，与模拟分析后采用的 2600kN 相比，其优化效应为 23.08%。

2）卸载过程

通过选取合理的卸载时机及控制卸载行程与顺序，提出的对称分步、循环微量下降的小

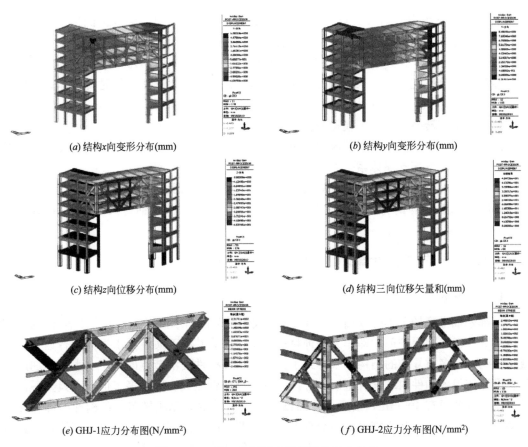

(a) 结构x向变形分布(mm)　　　　　　　　　(b) 结构y向变形分布(mm)

(c) 结构z向位移分布(mm)　　　　　　　　　(d) 结构三向位移矢量和(mm)

(e) GHJ-1应力分布图(N/mm²)　　　　　　　(f) GHJ-2应力分布图(N/mm²)

图 4-10　工况二作用下的桁架结构受力状态

位移卸载方法控制了卸载过程中荷载在各支撑点之间的内力重分布,保证各支撑点的受力较加载过程中最大值均较低,确保卸载过程中部出现最大受力荷载,即削减了荷载峰值。

若卸载时采取施工较为便捷的顺序卸载的常规方式,各支撑点内受力见表4-3。

支撑点内受力表　　　　　　　　　　　　　　表4-3

卸载步骤	卸载点	砂箱下降高度（mm）	卸载后支撑反力（kN）							
			Sbx1	Sbx2	Sbx3	Sbx4	Sbx5	Sbx6	Sbx7	Sbx8
1	Sbx4	4	1149	1853	441	0	345	2646	1027	1259
2	Sbx6	4	1201	2136	491	513	499	162	1246	2173
3	Sbx1	支撑点取消	0	2733	493	536	499	160	1244	2168
4	Sbx2	支撑点取消	0	0	497	1113	498	150	1218	2063
5	Sbx7	支撑点取消	0	0	497	1111	500	175	0	2662
6	Sbx8	支撑点取消	0	0	496	1078	502	738	0	0
7	Sbx4	支撑点取消	0	0	554	0	500	1301	0	0
8	Sbx6	支撑点取消	0	0	607	0	602	0	0	0
9	Sbx3	支撑点取消	0	0	0	0	649	0	0	0
10	Sbx5	支撑点取消	0	0	0	0	0	0	0	0

此时卸载过程中受力最大点为 2733kN，超过了加载过程中 2527kN 的最大荷载。因此，采用对称分步、循环微量下降的小位移卸载方法对荷载峰值的削减率为：

$$(2733kN-2527kN)/2527kN×100\%=8.15\%$$

经过模拟分析优化后，采用的设计荷载为 2600kN，由此设计的临时支撑体系用钢量为 220t，优化后该部位支撑体系共计节约钢材投入 220×23.08%＝50.78t。

（2）钢结构转换结构施工模拟分析的优化效应

通过对钢结构转换桁架施工模拟分析，实现了大跨度钢结构转换桁架的自支撑施工技术，完全取消了下部支撑体系。

若采用常规施工方案，该部位需要设置的临时支撑体系共包括 5 个支撑点。参考其内立面临时支撑系统的钢材投入量（3 个临时支撑点，投入 180t 钢材），其节约钢材投入 180/3×5＝300t。

4.1.3 复杂节点的模拟优化与深化设计技术

1. 研究背景

成都来福士广场工程外立面为 5.3 万 m^2 大体量饰面清水混凝土，混凝土表面不抹灰、不做装饰，仅涂刷保护剂后即作为装饰材料使用，因此其施工质量要求远高于普通钢筋混凝土结构。而多重复杂的结构体系导致了大量立面多构件交汇节点的产生，大震不屈服的抗震设计使得各构件内均含有型钢，且设计所配钢筋直径大、数量多。但节点典型截面有效的截面宽度只有 400mm，按照设计图纸，节点区域钢筋无法排布，各构件内部存在的型钢与钢筋之间的相互连接也是一个难点。此外节点区多向型钢、钢筋纵横交错，导致混凝土无法下料，无法保证其密实性。因此，一旦复杂节点施工不能顺利实施，不仅将造成大量返工，导致人工、材料损失，更将直接影响特色饰面清水混凝土这一绿色施工技术在本工程中的实施效果，对于绿色施工的实现具有至关重要的意义。

2. 研究内容及关键技术

对建筑结构多向杆件交叉节点的施工通过现场设置简易样板模拟、三维影像模拟等方式进行研究，在原设计基础上提出了多项优化方案。对型钢混凝土组合结构中钢与型钢连接的方式进行了深入研究并逐一进行深化设计；通过对钢与型钢组合形式及复杂节点的模拟优化和深化设计，减小了施工工作量，保证了复杂节点施工均一次性顺利实施，实现了节材、节能的绿色施工目标。

3. 复杂节点的模拟与优化

（1）复杂节点设计概况

出于对清水混凝土构件视觉效果的考虑，本工程外立面构件标准截面尺寸为 400mm×1250mm，截面宽度超过 400mm 的位置均进行了切角处理。构件内的型钢通常也设置在未切角的 400mm 范围以内，型钢距离清水构件外表面距离 125mm（图 4-11）。

在多项杆件交叉节点位置，根据设计要求，400mm 范围内各构件均有 4 排钢筋需要穿过，但根据设计情况进行钢筋排布，扣除清水混凝土特殊要求的 35mm 保护层厚度后，剩余空间内仅能满足梁、柱钢筋穿插的需要，没有空间再进行斜撑钢筋的穿插（图 4-12），因此必须对原设计进行调整，保证施工实施的基本需要。

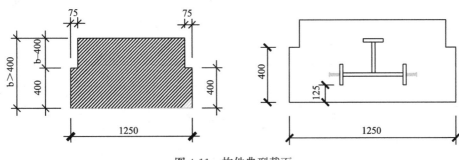

图 4-11 构件典型截面

（2）复杂节点的方案模拟与优化

复杂节点在开始施工前选择典型截面按照原有设计方式制作 1∶1 模型，通过实体模型的制作（实体样板中使用废模板代替设计的型钢形状，践行绿色理念）以及三维图形模拟，找出复杂节点区域影响钢筋穿插施工因素。在咨询了本工程设计院以及专业深化设计单位意见的基础上，结合模型施工时钢筋穿插的合理处理方式，进行复杂节点的结构设计优化，针对工程情况，先后研究了四种方案：

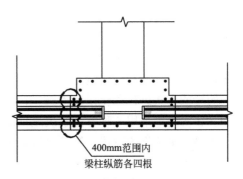

图 4-12 典型截面钢筋穿插图

1）按照原有设计施工，先安装型钢，再按照柱→梁→斜撑的顺序穿插钢筋。斜撑钢筋与其他方向钢筋位置冲突时，弯折通过。

2）在斜撑的非节点区与节点区之间增设过渡区，过渡区内加大斜撑型钢翼缘，并设置鱼腹式的连接板，使得斜撑钢筋在过渡区内通过与构件内型钢焊接连接将力传递给型钢，节点区内加大型钢截面，由型钢传递所有斜撑应力，斜撑仅设置构造钢筋进入节点区域。

3）加大斜撑型钢截面直至斜撑上的所有应力均由型钢承担，整个斜撑内仅设置构造钢筋。这一方案，将斜撑构件的受力由原有的型钢混凝土组合结构受力转化为了纯钢结构受力，完全颠覆了原有设计思路。

4）适当增大斜撑、梁型钢截面，增加型钢高度和腹板厚度，由型钢承受更多应力，以减少斜撑、梁纵向钢筋数量，减小斜撑、梁钢筋直径，节点区仍然由型钢和钢筋共同受力。同时将影响斜撑钢筋穿插的柱侧面钢筋与柱角钢筋并筋形成钢筋束，为钢筋穿插留出更大空间。

柱侧面钢筋与柱角钢筋并筋形成钢筋束后，需要设计院对结构受力进行复核，部分柱钢筋进行了加强（不影响其他方向钢筋穿插的区域）。

通过现场大量模型的模拟制作以及三维图形的模拟分析，从操作难度、质量保证、设计周期 3 个方面对 4 种方案进行综合分析（表 4-4）。

经过研究和对比分析，最终选择了方案 4，此方案将设计中影响斜撑钢筋穿插的柱侧面钢筋与柱角钢筋进行了并筋处理，解决了斜撑钢筋无法穿插通过的问题。加大梁、斜撑构件内型钢后，构件内的钢筋数量以及直径均有所减少，使得各向钢筋在穿插过程中都出现一定的施工误差允许值，也为混凝土的下料预留出了一定的空间。

方案对比分析表　　　　　　　　　　　　　　　　表4-4

方案	操作难度	质量保证	设计周期
方案1	操作难度大	质量保证低	设计周期短
方案2	操作难度中	质量保证高	设计周期中
方案3	操作难度小	质量保证高	设计周期长且风险极大
方案4	操作难度中	质量保证高	设计周期短

（3）复杂节点的深化设计

由于节点区各构件型钢交汇，钢筋相互穿插，造成对节点区及节点区下部柱混凝土的下料、振捣困难，而清水混凝土要求混凝土浇筑必须密实，且表观质量良好。根据优化后的方案，构件中部钢筋与型钢需要进行连接，施工中需要对钢筋与型钢的连接、钢筋与钢筋之间的穿插方式进行深化设计措施。在实施中，首先通过与设计院沟通，明确了深化设计原则。在实施中采用5种方法解决型钢混凝土钢筋穿插的深化设计问题，即：钢筋绕过型钢、钢筋伸至型钢边弯锚、钢筋穿过型钢腹板、钢筋与型钢通过连接板焊接连接、钢筋与型钢通过焊接套筒连接。深化设计中采用"一节点一审核"的原则，完成了整个项目型钢混凝土组合结构节点深化设计，并重点对各塔楼立面共计526个复杂节点进行了深化。

4. 实施效果

通过复杂节点位置1∶1实体简易样板的制作及三维模型模拟，在施工前及时发现了设计上的不合理之处，并在此基础上进行优化。进一步通过实体样板及三维模拟对提出的各种优化方案进行了对比分析，并选取其中对工期、质量均能有良好保证，并具备较好可操作性的优化方案。在此基础上，对每一个节点的钢筋穿插及排布均进行了深化，进一步加快了现场施工效率。

样板制作时钢筋绑扎效率对比：按照原设计绑扎钢筋的样板节点，每个节点投入钢筋工4人，用时5天，共花费20个工时；按优化后方案实施，投入钢筋工4人，用时3天，共花费12个工时。优化后方案人工节约率为：（20工时－12工时）/25工时×100%＝32%。

单个节点施工操作面有限，投入工人数最多为4人，优化前后单个节点施工用时分别为5天/3天。优化后方案工期节约率为：（5天－3天）/5天×100%＝40%。

综上，通过对复杂节点的模拟优化与深化设计，与原设计方案相比，优化后复杂节点施工的人工节约率为32%，项目各塔楼外立面共计复杂节点526个，共计节约8×526＝4208人工。关键线路上共计有22层存在复杂节点，共计节约关键线路工期2×22＝44天。

4.1.4　机电安装工程管线穿插模拟技术

1. 研究背景

在大型复杂的建筑工程项目设计中，设备管线的布置由于系统繁多、布局复杂，常常出现管线之间或管线与结构构件之间发生碰撞的情况，给施工带来麻烦，影响建筑室内净高，造成返工或浪费，甚至存在安全隐患。

目前，国内机电安装行业的 BIM 应用，已经在快速发展。伴随着 BIM 理念在建筑行业内不断地被认知、认可，其作用也在建筑领域日益显现。作为建设项目生命周期中至关重要的施工阶段，BIM 的运用将为施工企业的生产带来深远的影响。

2. 研究内容及关键技术

对于大型复杂的工程项目，采用 BIM 技术进行三维管线综合设计有着明显的优势及意义。BIM 模型是对整个建筑设计的一次"预演"，建模的过程同时也是一次全面的"三维校审"过程。在此过程中可发现大量隐藏在设计中的问题，这些问题往往不涉及规范，但跟专业配合紧密相关，或者属于空间高度上的冲突，在传统的单专业校审过程中很难被发现。如何在施工中更好地利用 BIM 技术，为施工与协调提供服务，由此加强机电各专业之间、机电与其他专业之间的相互协调、减少返工、降低资源消耗与浪费，成为施工中关注的焦点。

3. BIM 技术在机电安装工程中的应用

（1）碰撞分析、管线综合

机电安装工程中最容易造成经济损失的，往往就是返工，规模越大的项目，设备管线越多、管线错综复杂，碰撞冲突也越容易出现，返工的可能性就越大。一旦出现返工，工期、经济损失都会出现，而 BIM 技术正是解决碰撞冲突的"高手"。事实上，BIM 技术对于施工企业的应用价值远不仅仅在于碰撞分析、管线综合方面，基于 BIM 技术可视化、模拟性的特点，业主及项目团队可以根据现场施工实际情况进行施工模拟。通过 BIM 技术所具有的协调性、优化性特点，项目材料、设备管理系统、技术管理等可以获得优化，从而进一步提升物资管理、成本管理、现场施工管理的精细化水平，进而达到减少投入的目的，如图 4-13 所示。

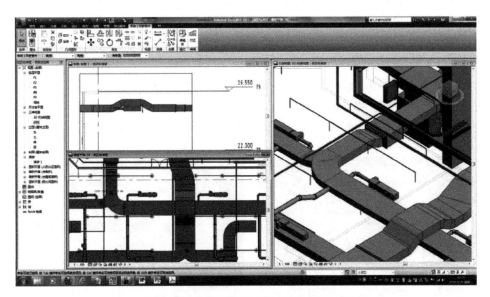

图 4-13　BIM 模拟技术管线碰撞检查图

（2）作为相关方技术交流平台

深化设计之初，总承包单位组织设计人员和业主及设计院沟通，明确设计意图以及业主方意向，深化设计工作在此条件基础上考虑进行。施工总承包单位在传统施工流程的基础上，BIM作为添加完善了项目施工的一项流程，由深化设计部门依据模型等有效信息，及时发现问题解决问题，未雨绸缪，提前避免施工过程中存在的问题。同时，通过前期的BIM深化，能有效地组织施工的综合协调。不仅为项目提高了施工效率，也增加了施工效益。如图4-14所示。

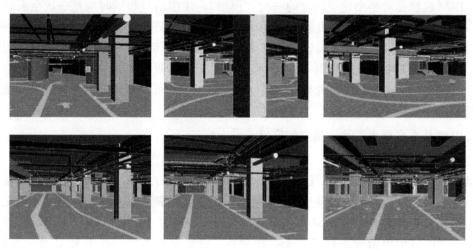

图4-14　BIM模拟技术3D视野图

（3）作为相关方管理工作平台

"水电风"专业模型绘制完成后，由总承包单位召集现场各分包单位深化设计人员到深化设计室培训相关软件操作并熟练掌握。利用机电整体模型来综合考虑指导现场的施工，而不是各分包单位各自为政，有效地避免各专业分包施工凌乱的现象等。

（4）管线综合设计

采用基于BIM技术的专业软件，机电安装施工行业可以在项目开始阶段，进行机电专业的深化设计，结合实际情况进行管线综合布置，合理利用空间，解决管线碰撞，在综合过程中满足各种国家规范要求和系统使用要求，尽量避免多余管件，减小系统阻力，考虑预留足够的检修空间，考虑实际管件的采购及制作，考虑支吊架的制作及安装。如图4-15所示。

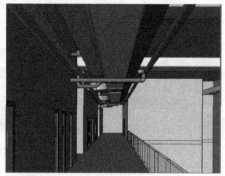

图4-15　BIM模拟技术3D效果图（一）

图 4-15   BIM 模拟技术 3D 效果图（二）

4.2   大体量特色饰面清水混凝土施工技术

4.2.1   白色饰面清水混凝土的研制

1. 研究简介

成都来福士广场地下室龙门及地上各塔楼、裙楼主立面均设计为白色饰面清水混凝土，饰面面积达 5.3 万 m²。由于前文"2.1   白色饰面清水混凝土的研制与应用"已对白色饰面清水混凝土的研制做了详细介绍，本节仅对关键技术进行简要阐述。

2. 关键技术的研究

（1）白色饰面清水混凝土试验研究

在实施过程中采用了三种思路：

1）通过采用白水泥、矿物掺合料、骨料、减水剂等，配置白色饰面清水混凝土。制作 65mm×400mm×400mm 的试模，成型白色饰面清水混凝土的小样板。如图 4-16 所示。

图 4-16   白色饰面清水混凝土小样板

使用试验用 60L 搅拌机，在某工程现场制作了白色饰面清水混凝土样板墙，样板墙高 2m，表面使用了不同的模板，制备出不同的表面效果。如图 4-17 和图 4-18 所示。

图 4-17　白色饰面清水混凝土拌合物

图 4-18　白色饰面清水混凝土小样板

在混凝土供应站生产了 50m³ C60 白色饰面清水混凝土，采用泵送施工方式（图 4-19），在某施工现场制作了井字形梁柱样板。采用普通工艺施工浇捣，拆模后的白色饰面清水混凝土样板墙内实外光、色泽观感良好（图 4-20）。

图 4-19　混凝土入泵

图 4-20　混凝土结构表观质量

2）选用以白色石灰石和白色石灰石人工砂为配制白色高强清水混凝土的骨料，采用钛白粉作为白色颜料，采用水泥、矿物掺合料、减水剂等常规材料根据配比配制备的白色饰面清水混凝土。如图 4-21 所示。

3）使用"普通硅酸水泥＋大掺量矿物掺合料＋普通骨料＋聚羧酸外加剂"研制出颜色较浅的饰面清水混凝土基层，再通过氟碳保护剂进行表观颜色的微调，达到工程需求的白色饰面清水混凝土表观颜色要求。如图 4-22 所示。

（2）三种研究思路制备白色饰面清水混凝土的对比分析与选定

在实施过程中，为了对几种思路进行对比，项目部组织了成都来福士广场白色饰面清水混凝土专家论证会。在对各方面进行深入研究分析后，最终采用了"普通硅酸盐水泥＋

图 4-21　白色饰面清水混凝土色板

图 4-22　白色饰面清水混凝土基层＋氟碳保护剂调色的表观效果

大掺量矿物掺合料（含硅粉）＋外加剂＋骨料"的配合比设计，在做清水混凝土保护剂时，通过保护剂来对颜色进行微调，使清水混凝土的饰面效果达到建筑师的要求。

（3）高强自密实浅色清水混凝土配合比研究

由于成都来福士广场5栋塔楼正立面由柱、斜柱、梁组成，设计要求采用清水混凝土。其中立柱间斜柱承力大，内配工字型钢，钢筋间距较小，封模后无法插入振捣施工，须采用自密实浅色饰面清水混凝土浇筑。

项目研究团队在"普通硅酸盐水泥＋大掺量矿物掺合料＋外加剂＋骨料"制备白色饰面清水混凝土基层，利用氟碳保护剂进行表观微调的基础上，通过对工作性能的调整，研制出自密实白色饰面清水混凝土。如图4-23所示。

3. 实施效果

通过对白色饰面清水混凝土的研制，成功地配置出满足施工要求且经济合理的白色饰面清水混凝土，并在成都来福士广场工程中得到了良好的运用，应用面积约5.3万 m²。在研制过程中摒弃了长距离

图 4-23　拆模后十字样板的表观效果

的大宗材料，就近选择材料，符合绿色施工要求。白色饰面清水混凝土的成功研制，大力

推动了项目清水混凝土的成功应用；高强自密实清水混凝土的成功研制，减少了施工能耗，避免了施工浪费。

4.2.2 大体量饰面清水混凝土模板体系化与工厂化

1. 研究背景

传统清水混凝土模板面板要求板材强度高、韧性好，加工性能好、具有足够的刚度，表面覆膜要求强度高、耐磨耐久性好，物理化学性能均匀稳定，表面平整光滑、无污染、无破损、清洁干净；模板龙骨顺直，规格一致，和面板紧贴，同时满足面板反钉的要求。具有足够的刚度，能满足模板连接需要；对拉螺栓满足设计师对位置的要求，最小直径要满足墙体受力要求；面板配置要满足设计师对拉螺栓孔和明缝、禅缝的排布要求。

成都来福士广场清水混凝土梁柱接头以及施工缝处均不设置常规清水混凝土工程中的明缝，且所有清水混凝土表面均不设置对拉螺栓孔眼，这使得清水混凝土表面平整度、禅缝、施工缝等施工质量均应高于常规的要求，对饰面清水混凝土模板的选材、设计、加工、安装以及拆除都提出了更为严格的要求，为实现成都来福士广场清水混凝土建筑外观要求，研制一种性能优良、周转次数高、加工方便的新型模板体系将是实现绿色建筑的必然。

2. 研究内容

通过对标准化模板体系、模板加固体系进行研究，选择一种适合成都来福士广场大体量特色饰面清水混凝土施工要求的可周转利用的节约材料的模板体系，同时对标准化模板体系加工进行研究，实现工厂化制作，提高模板精度及质量。

3. 关键技术的研究

（1）模板体系标准化

为满足成都来福士广场建筑效果要求，即对饰面清水混凝土模板的选材、设计、加工、安装及拆除提出了严格要求。本工程清水混凝土模板体系为：面板采用维萨（WISA）牌建筑模板，次龙骨选用钢方管或几字型材，主龙骨选用双8号、10号或12号槽钢，以此形成定型模板体系（图4-24）。

图4-24 定型模板

针对成都来福士广场大体量特色饰面清水混凝土外观要求，在斜撑转角及不规则外立面位置，通过通用模板与异型模板进行多重组合，以达到外立面清水要求（图4-25）。同时又节约了材料，提高了模板体系拆装速度，满足施工要求的目的。

图 4-25 施工效果图

（2）模板加工工厂化

成都来福士广场饰面清水混凝土面积达 5.3 万 m^2，现场清水模板使用量较大，通过模板工厂化生产，减少施工现场的制作强度，保证了模板的加工精度和强度，有效地保证清水混凝土的饰面效果。

加工工艺流程：操作平台搭设→架体下料→型材调直→架体组装→架体调平→架体喷漆→面板下料→面板安装→模板细部处理→模板堆放。

工厂化加工模板时，按照要求搭设适合模板加工及承载力满足要求的操作平台；下料过程中严格按照施工图纸进行下料，避免随意下料造成材料浪费；面板安装中注意安装到位，并对细部处理处理到位，确保模板质量满足饰面清水混凝土要求。对加工好的模板采取有效成品保护措施，堆放高度不宜超过8层。模板堆放时面板对面板、背楞对背楞，面板之间采用海绵或其他软质材料进行分格，避免碰伤（图4-26）。模板转运时须对模板边角进行保护，避免破坏。

图 4-26 工厂化模板堆放

4. 实施效果

通过大体量饰面清水混凝土模板体系的选择及工厂化加工，模板质量好、工厂化加工精度高、加工快，其清水混凝土施工质量优良，满足成都来福士广场施工进度要求。钢框木模体系及工程化加工，有效地节约了现场施工时间，同时极大地避免了材料的浪费，节约面板约 37.5%。

4.2.3 大体量饰面清水混凝土成品保护

1. 研究背景

清水混凝土是直接利用混凝土成型后的自然质感作为饰面效果的混凝土，其成品保护技术将是整个施工过程控制重点。针对成都来福士广场大体量饰面清水混凝土，研究一种有效的成品保护技术，对大体量特色饰面清水混凝土进行合理的成品保护，节约后期修复费用、人力、物力，将是绿色建筑实施必然。

2. 研究内容

在人或物可及范围，利用模板对混凝土阳角进行保护，防止阳角被破坏，并覆盖塑料薄膜，防止表面被污染；在搭设悬挑外架时，采用模板、三防布对外架底部进行全封闭，避免流浆、污水等从外架底部流下而污染下部结构清水混凝土。通过具有自洁功能的清水氟碳保护剂涂装，进一步对成型的清水混凝土形成保护。

3. 关键技术的研究

清水混凝土成品保护：

（1）拆模时保证不碰撞清水饰面混凝土结构，不乱扒乱撬，底模在满足强度要求后拆除。拆模前应先松开加固的扣件、螺栓（柱周围），拆下的模板应轻放。

（2）拆模后先用塑料薄膜将混凝土进行封严，以防表面污染。塑料薄膜若有损坏，应及时更换以保证塑料薄膜保护一直到对混凝土进行修复时止。

（3）成品保护的塑料薄膜必须用专用纸胶粘贴于即将浇筑楼层的模板下方，避免浇筑混凝土的过程中流浆污染成型混凝土面（图 4-27）。

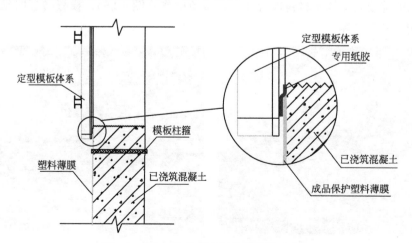

图 4-27　施工缝处成品保护膜粘贴示意图

（4）成品保护的塑料薄膜搭接时应采用上面的塑料薄膜压下面的塑料薄膜，并采用宽胶布密封，但必须避免宽胶布直接与混凝土面接触（图 4-28）。

（5）外架拆除施工时注意对清水饰面混凝土的保护，避免损伤或污染清水饰面混凝土表面。

（6）工程施工前，由项目总工程师组织与清水混凝土存在工作界面相关的分包单位的工程技术人员，就清水混凝土和其他专业的配合互相提出要求，形成管理办法。清水混凝土封模板、浇筑前，需要相关专业人员确认，以免后续工作开展时对清水混凝土剔凿、开洞。

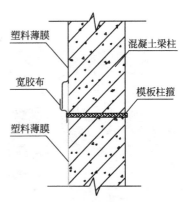

图 4-28　施工缝处成品保护膜接缝示意图

（7）人员可以接触到的部位以及柱、斜撑、梁的阳角等部位拆模后在塑料薄膜粘贴硬塑料条保护，防止碰坏清水混凝土的阳角部位（图 4-29）。

图 4-29　柱阳角及薄膜保护照片

（8）合理选择通道口、施工电梯出入口的位置，尽量避开清水混凝土构件。特别是施工电梯出入口是人员、物料、手推车频繁进出的部位，无法避开清水混凝土构件时，必须将构件用塑料薄膜全包裹保护，在构件阳角贴硬塑料条，然后在地面以上 1.5m 高度范围内用麻袋包裹保护。需要注意的是，用麻袋包裹保护前必须确保用塑料薄膜将构件包裹严密，防止麻袋遇水掉色污染清水混凝土表面。

（9）本工程为超高层建筑，建筑高度为 123mm，外架形式为悬挑式脚手架。为避免灰尘、污水等污染混凝土面，需在每次悬挑时采用模板、塑料薄膜进行全封闭，严禁污水、灰尘从该封闭楼层往下流。

（10）对于室外 ±0.00m 处整个室外的清水混凝土构件，周围搭设围护架进行保护。

（11）清水混凝土工程涂料施工拟采用吊篮作为操作架。在屋面布置吊篮时，应使吊篮离墙、柱面有 40cm 左右的距离。同时，吊篮靠近墙面一侧应采用干净、不掉色的软布缠裹防止吊篮撞坏清水混凝土墙面。

（12）采用新型塔式起重机附墙装置，避免因传统附墙采用预埋方式造成对饰面清水混凝土的破坏（图 4-30）。

图 4-30　新型塔式起重机附墙装置照片

4. 实施效果

通过对大体量饰面清水混凝土成品保护技术，有效地保证了成都来福士广场饰面清水混凝土外观质量，同时节约大量修复费用。

4.3　绿色建筑技术及绿色施工技术的集成实施

4.3.1　绿色建筑技术

1. 研究背景

成都来福士广场绿色建筑设计以实现美国 LEED 金级认证为目标。主要绿色建筑技术为雨水循环利用系统、中水循环系统、屋面雨水回收利用、优质节水卫生洁具、节水绿化灌溉系统等、防土壤流失、种植屋面、蒸压加气混凝土砌块应用、地源热泵技术、地板送风技术、玻璃幕墙铝合金窗框断桥技术、双层玻璃幕墙、中空 Low-E 玻璃、种植屋面保温体系、高效节能设备、新型环保空调系统、吸声墙技术、饰面清水混凝土等方面。

成都来福士广场通过绿色建筑设计理念，对水资源、土地资源、能源、材料资源、环境等进行有效节约及保护，体现了绿色设计，确保了绿色建筑。

2. 研究内容

合理回收工程范围内雨水，设置中水循环利用系统；建立地源热泵系统、地板送风系统，实现耗能少、节约能源工效；研究玻璃幕墙铝合金窗框断桥技术，实现幕墙保温隔热效果。

3. 关键技术的研究

（1）雨水、中水循环利用技术

1）雨水回收技术

成都来福士广场屋面雨水均采用内排水系统；屋面雨水采用虹吸雨水斗，屋面及墙面雨水经雨水斗、雨水管收集，经室外初期弃流过滤后，最终排入地下四层 B4 雨水蓄水池，经处理后用于裙房屋面水池补水及屋面、室外绿化;室外地面雨水通过嵌草砖、透水路面等渗透方式尽量回渗,多余部分经雨水口,由室外雨水管汇集,排至市政雨水检查井。如图 4-31 所示。

(a)雨水处理机房图　　　　　　　　(b)雨水回收系统水质处理设备图

图 4-31　雨水回收处理设备

2)中水循环技术

在地下三层 B3 设置中水处理站,收集空调冷凝水作为中水水源,富余雨水也作为中水水源。本工程中水水量:中水最大日用水量 40.86m³,中水最大回用量 28.33m³。经过处理的中水用来作为裙房商业的冲厕、汽车库冲洗地面用水、垃圾间冲洗、隔油间及污水泵房冲洗及 T1、T2 的 L4~L6 卫生间冲厕。

中水系统分区:中水供水系统除 B4~L1 由减压阀后供水,其余分区同冷水系统。

① 裙房商业区域(包括裙房、地下停车场):采用分区供水方式;低区(B4~L1)由商业中水变频加压泵组经减压阀组减压后供水;裙房(L2~L4、局部 L5 层)由商业中水变频加压泵组供水。

② T1、T2 办公低区(L4~L6):由商业中水变频加压泵组供水。

中水管上不得装设取水龙头。当装有取水接口时,必须采取严格的防误饮、误用的措施。图 4-32 为中水循环系统图。

(2)地源热泵技术

成都来福士广场地下室、T1、T2、电影院区域由两个地源热泵系统集中供冷供热。

1)技术概况

地源热泵是利用地球表面浅层水源(如地下水、河流和湖泊)和土壤源中吸收的太阳能和地热能,采用热泵原理,既可供热又可制冷的高效节能空调系统。

地源热泵通过输入少量的高品位能源(如电能),实现由低温位热能向高温位热能转移。地能分别在冬期作为热泵供热的热源和夏期制冷的冷源,即在冬期,把地能中的热量取出来,提高温度后,供给室内采暖;在夏期,把室内的热量取出来,释放到地能中去。通常地源热泵消耗 1kWh 的能量,用户可以得到 4kWh 以上的热量或冷量。与锅炉(点、燃料)供热系统相比,锅炉供热只能将 90% 以上的电能或 70%~90% 燃料内能转化为热量,供用户使用,因此地源热泵要比电锅炉加热节省 2/3 以上的电能,比燃料锅炉节省约

(a) 中水循环反渗透制水机

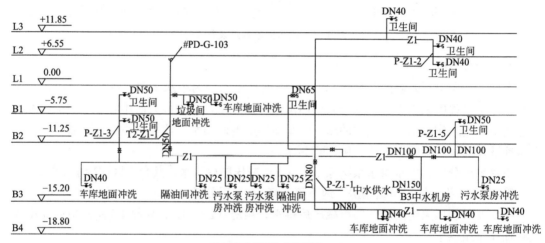

(b) 裙房及地下中水系统图

图 4-32　中水循环系统图

1/2 的能量；由于地源热泵的热源温度全年较为稳定，一般为 10～25℃，其制冷、制热系数可达 4.0～4.4，与传统的空气源热泵相比，要高出 40％左右，其运行费用为普通中央空调的 50％～60％。因此，采用地源热泵系统保证了系统的高效性和经济性。

2）实施概况（图 4-33）

（3）地板送风技术

成都来福士广场 T1、T2 写字楼采用地板送风，只需保证地板以上 2m 范围的温度控制即可达到良好的热舒适性，有效规避传统送风方式造成的能源浪费。

1）系统构成（图 4-34）

2）地板送风系统施工顺序与流程的基本原则

①先主后次或先大后小。

②先上后下或先脏后净。

③平面协调及各专业预留位置标注。

图 4-33 钻井施工效果图

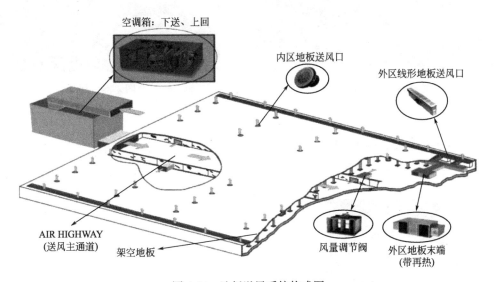

图 4-34 地板送风系统构成图

④ 地板及地毯铺设、送风口安装是最后工序。

⑤ 地板安装之前确保地板腔及气流通道内清理及必要密封完毕，产生垃圾和粉尘施工基本结束。

施工流程如下：①环氧地坪施工；②管道弹线、定位及安装（图 4-35）；③管道交叉布局；④管道试压（图 4-36）；⑤管道保温（图 4-37）；⑥地板支架安装 AIR HIGHWAY（高速风道内侧）；⑦AIR HIGHWAY（高速风道外侧）；⑧送风地板静压腔；⑨AIR HIGHWAY 及连接地板腔的风阀沿走廊和电梯厅布置，通过风阀与房间内地板腔连接（图 4-38）；⑩手动风阀及电动调节风阀安装；⑪外区 UFAD 系统（地板下变风量末端，接管箱，线形送风口）；⑫内区 UFAD 系统：外区采用线性风口、内区采用圆形风口（图

4-39）；⑬租户温控器（图 4-40）；⑭UFAD 系统剖面示意：地面送风、吊顶回风（下送上回）（图 4-41）；⑮UFAD 系统下送上回气流效果（图 4-42）。

图 4-35　管道安装

图 4-36　管道试压

图 4-37　管道保温施工

图 4-38　风阀布置

图 4-39　风口

➤ 控制外区地板下末端风量
➤ 控制内区电动风口风量

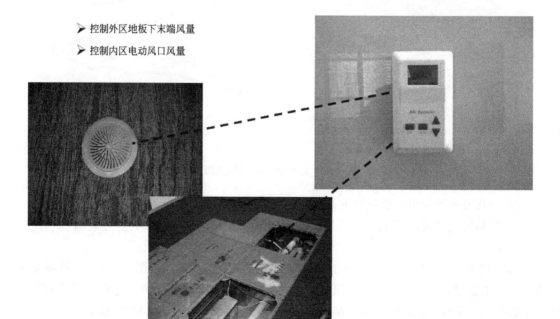
图 4-40　温控器

图 4-41　送回风效果图

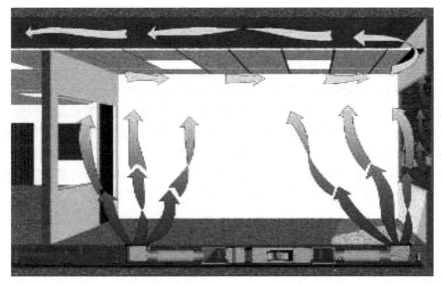

图 4-42　气流效果图

（4）玻璃幕墙铝合金窗框断桥技术

1）实施概况

成都来福士广场为清水混凝土及玻璃幕墙结合工程，共同形成了优美的外观，玻璃幕墙采用铝合金窗框断桥技术，成功实现工程保温、隔热等功能。同时主立面采用框架＋玻璃幕墙，侧立面采用单元式玻璃幕墙，增加外立面窗墙比，改善自然采光。

本工程玻璃幕墙采用玻璃可见光反射比不大于 0.3，道路旁 10m 以下玻璃的反射比不大于 0.16；玻璃幕墙的可见光透射比不低于 0.6；幕墙上选材开启角度不低于 16.6°。

2）技术简要说明

① 断桥铝合金窗框是在传统的铝合金窗基础上加入一种非金属的、低导热系数的隔离物，组成隔热断桥型材，确保玻璃幕墙与混凝土间缝隙密封牢靠，隔声、保温等性能。

② 断桥铝合金门窗的型材断面厚度必须严格遵循现行国家标准，壁厚要求在 1.4mm 以上。

3）幕墙安装效果图（图 4-43）

图 4-43　幕墙实施照片

4. 实施效果

（1）节水

对成都来福士广场裙楼及塔楼部分屋面年平均降雨量进行统计，得出裙楼及塔楼屋面年降雨量约 8600m³，工程采用雨水循环系统对裙楼及塔楼屋面的雨水进行回收利用，雨水收集折减系数 0.8，年收集雨水量约 6880m³，故项目投入施工期间年用于绿化灌溉、冲洗等用水量约节约 6880m³，回收雨水主要用于工程绿化灌溉、冲洗等。

采用中水循环系统，每年回收利用的冷凝水约 1780m³。本工程通常采用节水装置设备，节约用水量达 36.8%；加之对废水及雨水回收利用，节约用水量为 47.4%。

（2）节能

工程绿色建筑设计总节能 15.6%（按美国 ASHRAE 标准计算）。

1）地源热泵技术

通过地源热泵消耗 1kWh 的能量，用户可以得到 4kWh 以上的热量或冷量。与锅炉（点、燃料）供热系统相比，锅炉供热只能将 90% 以上的电能或 70%～90% 燃料内能转化为热量，供用户使用，因此地源热泵要比电锅炉加热节省 2/3 以上的电能，比燃料锅炉节省约 1/2 的能量；由于地源热泵的热源温度全年较为稳定，一般为 10～25℃，其制冷、制热系数可达 4.0～4.4，与传统的空气源热泵相比，要高出 40% 左右，其运行费用为普通中央空调的 50%～60%。

2）地板送风技术

① 空气品质和舒适度更高；有效保持空气分层：节能、减少污染、改善空气品质。

② 高度灵活，满足个性化调节需要，方便用户调整及改造。

③ 提升吊顶高度，减少故障和舒适度投诉，用户获益更多。噪声低、舒适度高，减少投诉；运转设备减少，系统可靠性更高，减少保修及其对用户影响；利用地板腔送风，提高吊顶高度，改善空间利用率（室内净高提高 200～300mm）。

④ 高效率、低能耗。系统总体能耗比普通 VAV 系统低 15%～20%；热分层、夜间蓄冷降低制冷量；低压送风，减小风机系统功率和能耗。

⑤ 降低空调系统建设成本和长期运行成本。UFAD 系统初投资降低 10%～15%；长

期运行及维护费用更低，降低物业拥有成本，能源消耗减少，节省运行费用。

3）玻璃幕墙铝合金窗框断桥技术

实现了良好的保温隔热效果，配合双层玻璃、Low-E玻璃的应用，保证幕墙整体效果的同时，节约能源。本工程玻璃幕墙玻璃可见光反射比不大于 0.3，道路旁 10m 以下玻璃的反射比不大于 0.16；玻璃幕墙的可见光透射比不低于 0.6；幕墙上选材开启角度不低于 16.6°。

4.3.2 绿色施工技术

1. 研究背景

随着人口的增加以及工农业的发展，资源的不断减少与环境的逐渐恶化，给人类的生存带来了极大的挑战。节约资源、保护环境将是实现可持续发展的必经之路，作为消耗资源大户的建筑业，即实现绿色施工。

2. 研究内容

（1）废水回收利用技术：采取一种收集、处理施工期间现场废水方式，对现场废水进行利用、处理、排放。

（2）抗浮锚杆精确弯折支撑技术：发明一种施工手段，对抗浮锚杆进行精确弯折，弯折后将其作为再利用的资源。

（3）高层建筑施工电梯核心筒架体整体提升技术：发明一种适用于核心筒区域施工平台，以实现安全文明施工，并节约周转材料。

（4）施工设施工具化技术：采用工具式临时设施，加大现场材料周转力度，促进现场文明施工。

（5）钢筋数控加工技术：采用一种先进施工技术加工钢筋，节约材料。

（6）短木枋拼接技术：采用一种先进施工技术，将现场废材料合理回收并利用。

3. 关键技术的研究

（1）废水回收利用技术

1）实施概况

为避免现场生活、施工废水随意排放，成都来福士广场在施工场地周边设置排水沟，以确保现场雨水有组织排水；在材料堆场区域周边设置排水沟；在施工现场厕所位置设置化粪池，并确保从开工到竣工厕所位置尽量少的移动；在施工楼层内设施工用水沉淀池，员工食堂厨房设置隔油池，并设置专人定期进行清理；施工场地采取雨、污分流的方式，对现场废水进行收集排放。

2）实施技术

在硬化场地周围设置排水沟，对废水进行有效导流，因排水沟跨越车道，施工周期内经反复承压，本工程在排水沟上采用一种新型水箅子，其具有高承载强耐用等性质。

① 水箅子第一层由现场 $\Phi22$、$\Phi25$ 的钢筋和面板焊接而成，采用 $10mm\times480mm\times667mm$ 的钢板作为水箅子的表面层，能够与整个路面形成良好的衔接，既保持与路面的平整度又有利于减缓整个结构水平向受力，具有平整、美观耐磨、耐腐蚀的特点，其中钢板上面开有 4 个椭圆形孔洞，实用而不失美观；第二层为 $\Phi25$ 的横向钢筋，采用双面焊接

于钢板面层下面，作为整个水箅子的受力杆件，直接将竖直方向的重力传递到预埋于水沟的角钢上面，再通过角钢传递到配筋路面；第三层为Φ22的纵向钢筋，起到平衡和加强受力的的作用。如图4-44和图4-45所示。

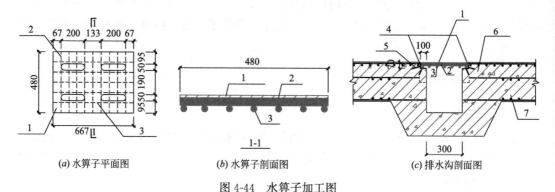

(a) 水箅子平面图　　(b) 水箅子剖面图　　(c) 排水沟剖面图

图4-44　水箅子加工图

1—10mm×480mm×667mm的钢板；2—Φ25受力钢筋；3—Φ22加强筋；4—L70mm×5mm角钢；
5—端部焊接短钢筋；6—新增配筋150mm厚混凝土路面；7—原有路面

图4-45　水箅子使用实景图

3）实施照片（图4-46）

（2）抗浮锚杆精确弯折支撑技术

1）技术背景

目前，建筑业内大部分高层建筑采用深基坑的形式，深基坑抗浮锚杆的用量大、直径大。工程往往采用人工弯折锚杆，然而人工弯折存在以下几方面不足：

①耗费大量人力。从施工经验来看人工弯折为平均每人每天弯折2根锚杆，需要大量劳动力。

②延长施工时间。人工弯折锚杆效率极低，完成锚杆弯折时间长，严重影响下一道工序施工。

③弯折质量得不到保证。人工弯折锚杆对于锚杆弯折角度随意，对于竖直方向的锚

(a) 基坑底四周设置排水沟　　　　　　　(b) 沉淀池清理

(c) 生活食堂隔油池清理

图 4-46　实施照片

杆保护不够，人工弯折锚杆后，往往发现锚杆弯折点高低不一，部分锚杆本应竖直却存在一定的倾斜，对工程质量造成了影响。

2）实施概况

针对上述问题，本工程采用一种适用于进行快速锚杆弯折的抗浮锚杆折弯设备及其系统，解决了人工弯折锚杆质量控制难、人力消耗大、施工时间长的难题，利用抗浮锚杆精确弯折支撑技术，将抗浮锚杆弯折后，利用其作为本工程筏板钢筋支撑马镫，有效地节约了马镫用量、提高了马镫质量。同时，弯折后的抗浮锚杆对筏板基础钢筋施工不造成任何影响，避免了传统抗浮锚杆随意弯折工艺弯折后对筏板基础钢筋施工造成影响，提高了施工速度。

3）技术概况

① 抗浮锚杆精确弯折系统附图（图 4-47）

② 抗浮锚杆精确弯折系统概述

抗浮锚杆折弯系统包括卷扬机、抗浮锚杆折弯设备；抗浮锚杆折弯设备包括活动套管、桁架式三角架、安装在三角架上的固定套管和滑轮。三角架为直角三角形，其中一个

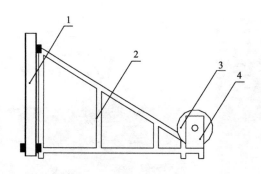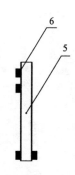

(a) 抗浮锚杆折弯设备的桁架式三角架、滑轮、固定套管的安装结构　　　(b) 抗浮锚杆折弯设备活的动套管结构

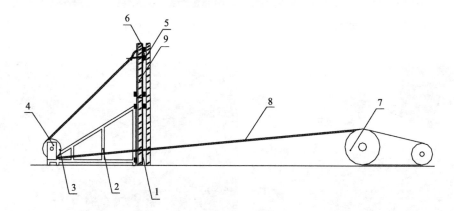

(c) 抗浮锚杆折弯系统结构

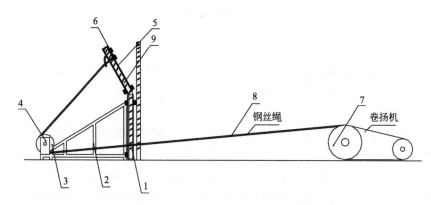

(d) 抗浮锚杆折弯系统在抗浮锚杆折弯后的结构

图 4-47　抗浮锚杆精确弯折系统附图
1—固定套管；2—桁架式三角架；3—滑轮；4—架板；5—活动套管；
6—钢筋头；7—卷扬机；8—钢丝绳；9—抗浮锚杆

直角边处于竖直方向，另一个直角边处于水平方向，固定套管与竖直的直角边固定连接，滑轮通过两个架板安装在与该竖直直角边相对的角上；活动套管与固定套管直径匹配，在活动套管的上部设有挂扣结构。桁架式三角架和卷扬机均固定在同一平面上，卷扬机的钢丝绳绕过滑轮连接在活动套管的挂扣结构处。

③ 施工方法

按照本工程筏板厚度设置相应高度固定套管，以制作适合的抗浮锚杆弯折设备。安装好抗浮锚杆弯折系统后，利用卷扬机通过钢丝绳将抗浮锚杆在活动套筒及固定套筒分界处拉弯折（图 4-47d），将活动套筒部分抗浮锚杆钢筋拉弯至水平，以便用于筏板基础钢筋马凳。

4）实施照片（图 4-48）

图 4-48 抗浮锚杆弯折成型效果图

（3）高层建筑施工电梯核心筒架体整体提升技术

1）工程概况

建筑业内，大部分的高层建筑采用核心筒剪力墙结构，核心筒剪力墙的施工操作架体通常是在每隔数层的剪力墙上预留孔洞，设置工字钢，搭设操作架。然而这类施工方式以下几方面不足：

① 耗费大量人力。每数层需要重新搭设、拆卸一次核心筒操作架体，需要大量劳动力。

② 延长施工时间。核心筒内空间狭小，架体搭设速度较慢，严重影响下一道工序施工。

③ 存在安全隐患。工人需要在狭小空间内完成架体搭设、拆卸工作，在搭设过程中存在坠落隐患；拆卸过程中存在坠落及上部坠物的隐患。

针对以上不足，本工程本着节约材料、节省人力的出发点，发明了一种核心筒架体整体提升技术，达到高效利用周转架料的目的。

2）电梯核心筒整体提升架技术概况

① 附图（图 4-49）

② 电梯核心筒架体整体提升系统简介

a.组架结构

该电梯核心筒整体提升架体特征在于：架体由钢管、扣件、木跳板搭设而成，钢管包括斜撑钢管、受力横杆、定位钢管以及构造杆件。

斜撑钢管一端支撑于电梯门洞下方楼板上，另一端斜向悬挑，与其他杆件通过旋转扣件连接；受力横杆受力端支撑于与电梯门洞相对的核心筒墙内侧；定位钢管与斜撑钢管采

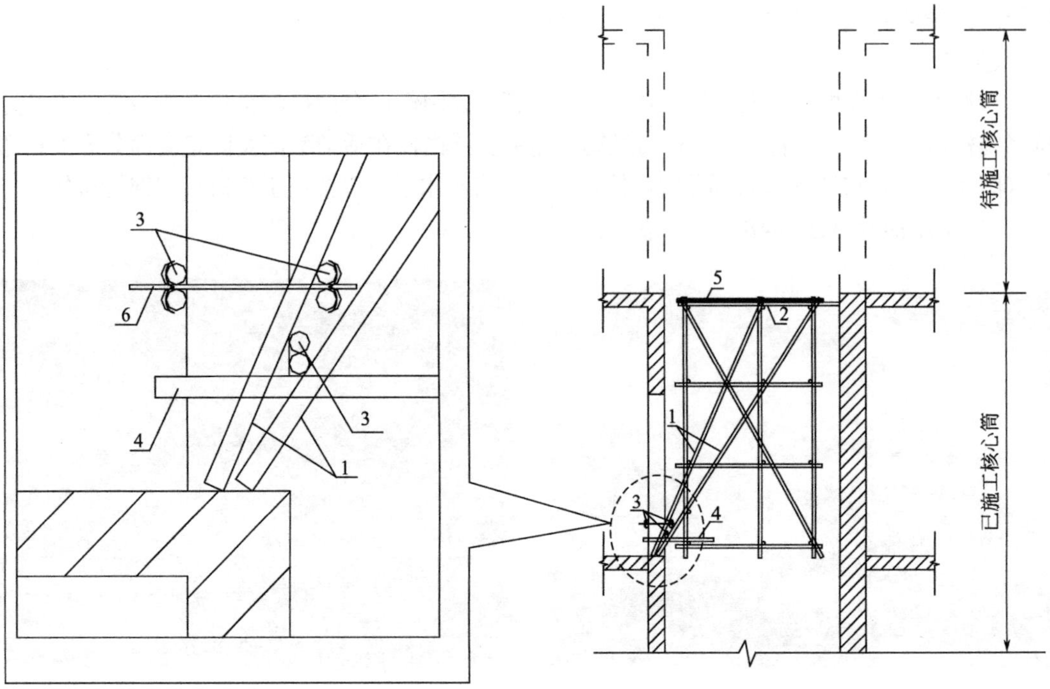

图 4-49　电梯核心筒整体提升架

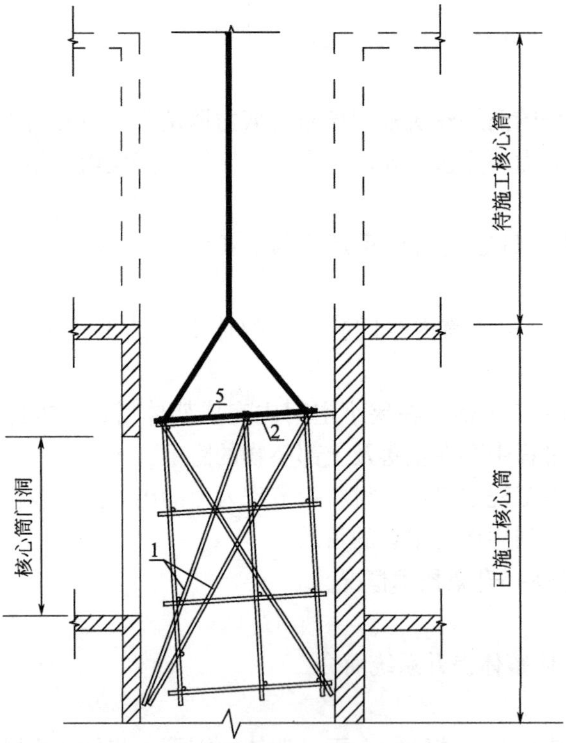

1—斜撑钢管；2—受力横杆；3—定位钢管；4—加强钢管；5—木跳板；6—对拉螺杆

注：未标注杆件均为构造杆件。

用旋转扣件连接，并与核心筒门洞两侧剪力墙固定，防止架体移动；非受力横杆、立杆相互以扣件连接并与受力横杆、斜撑钢管连接，形成提升架体骨架。

b. 受力简析

斜撑钢管与楼板之间产生一个斜向的支反力，受力横杆与核心筒剪力墙间产生一个水平向支反力，两个支反力与架体自重及上部模板自重形成一个平衡受力体系，保证了架体的稳定性，为待施工层核心筒内侧提供良好的操作平台。

c. 架体提升操作工艺

在架体整体提升之前，使用塔吊吊住架体，拆除定位横杆及加强钢管。定位横杆拆除后，塔吊吊住架体开始提升，当提升至核心筒门洞上口时，人工稍稍推动架体，使架体略微倾斜，斜撑钢管内收至核心筒。提升至上一层后，拉动架体，在塔吊配合下将斜撑钢管放置于核心筒电梯门洞位置，重新设置好定位钢管和加强钢管，塔吊松钩，即完成架体的整体提升。

（4）施工设施工具化技术

1）工程概况

传统的临时施工设施（如现场防护、临时通道等）均采用钢管脚手架搭设，固定方式多采用抱箍、斜撑及预埋等，此种设施受劳动力素质影响，成型效果差、安全隐患大，且费工费时。由于施工现场条件限制，临时施工设施尺寸要求不统一，甚至极为不规则，在这种情况下采用钢管架体搭设，须对钢管进行大量切割，造成材料浪费，不符合绿色施工要求。

成都来福士广场结合现场实际情况，充分利用工具式施工设施，在满足现场施工要求的前提下，合理选用、发明工具式施工设施，不仅确保了现场施工要求，而且施工操作简单，降低了劳动力投入，提高了现场美观性，增加了安全性能，节约了现场周转架料的使用。

2）施工设施工具化实施情况

① 现场临时围挡采用可循环周转利用的工具式围挡（图4-50）。

图4-50　工具式围挡

② 采用定型钢框大模板体系

a. 实施概况

本工程建筑物主要外立面采用浅色清水混凝土，结合我司近年来的施工经验，模板采用清水混凝土面及 18mm 厚 WISA 模板，清水混凝土构件模板均采用定型钢框大模板体系，其中柱定型清水模板背楞采用 100mm 高方钢管，梁侧清水模板背楞采用几字梁（钢）。

WISA 覆膜模板采用北欧寒带桦木作底板，正反两面酚醛覆膜，可防止整体变形，在长期的周转使用过程中具有极高的耐磨性能。该楼板具有施工工效高、降低使用成本，提高混凝土质量，能真正达到清水混凝土的要求，可免去装修、粉刷等工艺，既省工又省料，大幅度降低维修保养的费用，降低工程成本。

b. 模板体系

本工程清水模板主要包括清水混凝土柱模板、清水混凝土梁模板、清水混凝土斜撑模板以及部分清水混凝土剪力墙模板。为满足清水混凝土施工质量，清水混凝土模板必须有良好的整体性，所以清水混凝土模板必须采用定型钢框大模板，竖向背楞采用 10mm 高方钢管，水平背楞为 12 号双槽钢，钢框木模全部在工厂进行制作。模板重量达到 90kg/m²，普通单块模板重量为 500~1000kg，最重的单块模板为 1.4t。

c. 模板安装技术

现场使用模板时，采用塔吊调运、人工辅助一次吊装就位的方式。吊装前，必须在模板使用位置做好模板的竖向支撑。由于现场外脚手架与满堂架之间的距离较小，模板单块面积和长度较长，在安装前，先对模板安装位置进行清理，模板由塔吊吊运至安装位置以上，再由工人进行校位，防止模板与脚手架和钢筋等相互碰撞，位置准确后再入模，把模板沿竖向缓慢下降到安装位置，放置于模板的竖向支撑上。模板放置平稳后再与塔吊吊绳分离。待周围模板全部就位后，再进行模板加固。由于吊装时模板转运距离较大，并且模板就位时要求较高，所以此时在模板存放点和模板安装点应分别设置塔吊指挥，模板工与起重机驾驶员应协调配合，做到稳起、稳落、稳就位，严禁人员随同清水模板一起起吊，在起重机机臂回转范围内不得有无关人员。吊装时必须采用带卡环吊钩，当风力超过 5 级时应停止吊装作业。

d. 模板拆除技术

模板拆除前，主管工长必须对施工队进行书面技术交底，交底内容包括拆模时间、拆模顺序、拆模要求、模板堆放位置等。

模板拆除应遵循先支后拆，后支先拆；先拆不承重的模板，后拆承重的模板；自上而下，支架先拆侧向支撑，后拆竖向支撑等原则。

模板拆除时先拆掉四周高强度螺杆，再拆掉柱箍，切除玻璃纤维螺杆，由于清水混凝土模板表面涂抹有脱模剂，所以模板与混凝土会自动分离。模板与混凝土分离后，再由塔吊调至存放位置进行存放。起吊模板前应先检查模板与混凝土结构之间所有对拉螺栓、连接件是否全部拆除，必须在确认模板和混凝土结构之间无任何连接后方可起吊模板。

e. 实施照片（图 4-51）

③ 工具式钢制爬梯

a. 工具式钢制爬梯附图（图 4-52）

b. 钢制爬梯构造说明

工具式钢制爬梯是通过以下技术方案来实现的：

图 4-51 定型钢框大模板体系

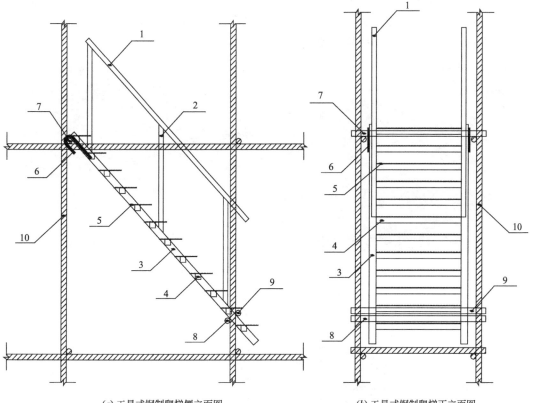

(a) 工具式钢制爬梯侧立面图   (b) 工具式钢制爬梯正立面图

图 4-52 工具式钢制爬梯

1—扶手；2—扶手立柱；3—主梁；4—踏步梁；5—踏步板；6—挂钩；
7—上挂钢管；8—下承钢管；9—限位钢管；10—脚手架体系

工具式钢制爬梯包括扶手、扶手立柱、主梁、踏步梁、踏步板、挂钩、上挂钢管、下承钢管和限位钢管；两根主梁之间固定多根踏步梁，踏步梁上固定踏步板，主梁上通过扶手立柱固定扶手；主梁上端连接上挂钢管和挂钩，主梁下端连接下承钢管和限位钢管。

挂钩与主梁上端侧壁焊接连接；扶手立柱的上端和下端分别与扶手下壁和主梁上壁焊接连接；踏步梁等间距顺主梁方向与主梁侧壁焊接连接；踏步板下壁与踏步梁上壁焊接连接；上挂钢管、下承钢管和限位钢管均通过扣件与脚手架进行连接。

工具式钢制爬梯的扶手、扶手立柱、主梁、踏步梁由一定规格的方钢管加工而成；踏步板由一定规格花纹钢板加工而成；挂钩由一定规格一级圆钢筋弯折加工而成。工具式钢制爬梯通过挂钩与上挂钢管挂扣，主梁下端放置于下承钢管上，并利用限位钢管对主梁下端进行下压固定的方式进行安装固定。在脚手架中安装竖向行人通道时，可用若干个工具式钢制爬梯，根据实际需要，自下而上进行对接安装以形成所需通道。

c.具体实施

将工具式钢制爬梯组装焊接完成，在脚手架体系中安装好上挂钢管、下承钢管，将工具式钢制爬梯上端挂钩挂扣于上挂钢管，下端主梁安放于下承钢管，在工具式钢制爬梯主梁下端位置安装限位钢管，并通过限位钢管的下压作用，将工具式钢制爬梯主梁下端固定牢固。根据实际需要，自下而上以相同方式进行顺接安装以形成所需通道。拆卸时，先拆除限位钢管，其次拆卸下工具式钢制爬梯，再次拆除上挂钢管和下承钢管，最终完成拆卸过程。

d.工具式钢制爬梯实物照片（图4-53）

图4-53 工具式钢制爬梯实物图

④ 材料堆场、材料加工场、现场绿化保护带等采用移动式隔离栏杆进行分离（图4-54），确保现场规整有序。

图4-54 移动式隔离栏杆

⑤ 为提高现场材料周转、避免临时施工设施受到不可逆转的破坏，现场尺寸标准位置临边防护大量用工具式临边防护；电梯井道洞口、楼板水平洞口、沉淀池洞口等采用定型化洞口防护（图4-55）；现场防护棚采用定性化防护棚，减少安装及拆卸时间，提高防护质量。

图 4-55　定型化洞口防护

⑥ 楼梯等尺寸变化位置临时栏杆防护采用工具式接头（图4-56），提高安装质量，加快安装及拆除速度。一次投入可周转几十次之多。

图 4-56　工具式栏杆接头

⑦ 本工程 T1、T2、T5 均存在高位悬挑结构，结构施工使用胎架支撑，拆卸时使用砂浆卸载方式进行拆卸，工程采用定型化、工具式操作平台，提高周转效率，降低安装、拆卸时间，也提高了操作平台的安全性。

（5）钢筋数控加工技术

1）实施背景

传统的箍筋加工采用9m长直钢筋弯折而成，或采用盘圆钢筋经调直后，进行弯折形成箍筋，这种钢筋加工工艺不仅造成钢筋大量浪费，而且耗费大量人力、物力，精度低，不符合绿色施工要求。

2）实施概况

　　成都来福士广场项目中的箍筋加工引用数控加工机械（图 4-57），实现调直、弯折、截断一体化，提高了钢筋加工速度，同时，采用数控加工机械，加工精度高，加工质量优良，避免了传统加工机械因加工人员素质造成的钢筋加工错误或加工不满足要求的情况，避免了材料的浪费。

图 4-57　钢筋数控加工图

　　（6）短木枋拼接技术

　　1）技术背景

　　随着时代的发展，不规则建筑越来越多，结构设计出现多样化及不规则化，在这种情况下，给施工带来了相应困难，非标准尺寸建筑施工中运用的周转架料也需要不同尺寸，这就导致现场木枋必然需要经过切割来满足现场不规则尺寸要求。成都来福士广场项目因其独特的建筑造型使得现场出现较多短木枋，为实现现场短木枋的再利用，本工程引进机械设备对现场短木枋进行拼接，减少了现场木枋浪费。

　　2）技术实施

　　① 实施流程

　　清理→端头截齐→开缝涂胶粘剂→压合→成行→堆码整齐。

　　② 施工工艺

　　a. 清理：木枋清理是木枋对接前重要工序，清理干净程度直接影响木枋对接质量，清理时应将木枋上的铁钉、混凝土及泥浆处理干净，若有必要进行冲水清洗，清理完的木枋要堆码整齐，以备对接。

　　b. 端头截齐：将清理完成并晾晒干后的木枋平整的放置于工作平台上，采用电锯将端头截平。

　　c. 开缝涂胶粘接剂：采用木枋对接专用胶粘剂均匀涂抹于木枋端头。

　　d. 压合：将第一段木枋放置在工作平台上，然后将第二段涂胶木枋对准木枋对接处，依次将木枋对接至对顶长度后，用气压将木枋各面压平，并用油压将接头处木枋纵向挤紧。

　　e. 按照以上方法将木枋接长后，取下接长后的木枋，堆码至规定堆场，以备现场使用。

　　3）实施照片（图 4-58）

图 4-58　短木枋拼接

4.实施效果

通过在成都来福士广场项目实施绿色施工技术，极大地节约了本项目施工期间的用水量及传统水源的用水量，节约施工用水量约 40%；同时采用抗浮锚杆精确弯折支撑技术、核心筒架体整体体系技术等节材技术，成功实现了本项目施工材料及周转架体的节约；施工期间通过合理布置现场临时建筑，设置土地保护技术实现了对施工场地及周边土地资源的保护；施工周期内通过对节能施工机械的利用及维护，满足了绿色施工节能要求；同时，设置环境保护及监控措施，极大地确保了对环境的最小破坏。

4.4　LEED 体系的施工实施

4.4.1　LEED 概述

LEED（Leadership in Energy and Environmental Design，即"能源和环境设计先锋奖"），是由美国绿色建筑协会（US Green Building Council）设计制定并管理。LEED 是一个评价绿色建筑的工具，其宗旨是：在设计中有效地减少环境和住户的负面影响，目的是：规范一个完整、准确的绿色建筑概念，防止建筑的滥绿色化。简单来说，它是一个以"得分"来分等级的系统，关注点从建筑选址、规划设计、建筑营造到使用过程，全方位对绿色建筑进行了规范和指导。其意义在于：设立了一个共识的标准去发展绿色建筑；提供一个框架去评估建筑的表现；强调尖端的策略以使建筑达到可持续发展的目标；承认和推广绿色技术；承认建筑业的绿色先锋，并刺激绿色竞争；提高消费者对绿色建筑的认可；指导绿色建筑设计、将建筑业推向绿色等。

4.4.2　LEED 体系的施工实施

1.LEED 组织机构及工作管理

（1）LEED 知识的普及

根据业主的合同要求以及建筑类别和特点等选择合适的 LEED 评价体系，项目进场后，须针对 LEED 进行培训，可以邀请 LEED 顾问或聘请专业 LEED 讲师，为项目管理人员进行培训，普及项目管理人员的 LEED 知识和意识，扭转过往的 LEED 就是做资料，甚至做假资料的认识，纠正很多人眼中 LEED 等同于文明施工的错误理解，要真正创过程精品，重视 LEED 条文对过程工作的指导。

（2）建立组织机构和奖罚制度

建立以项目经理为主要负责人的 LEED 组织机构（图 4-59），LEED 实施的过程中，尤其是实施的前期，一定要有强有力的实施推进机构，有专人负责推动，并设定适当的节点目标，根据完成情况进行奖惩。

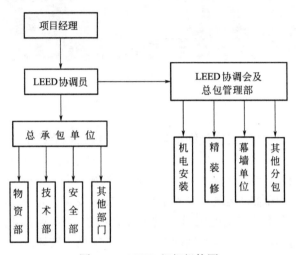

图 4-59　LEED 组织机构图

（3）编制具体的实施计划

一般来说，计划中应至少包括《土壤侵蚀与沉降控制计划》《施工废弃物管理计划》《室内空气质量管理方案》，并按照计划要求绘制 LEED 现场总平图，结合 LEED 实施要求对场地进行总体布置。

（4）定期的召开 LEED 协调会

LEED 的认证不是总包能够独立完成的任务，需要业主、设计、顾问、分包等共同努力与配合，针对 LEED 的实施，应定期的召开 LEED 协调会，各单位应根据 LEED 要求及现场遇到的问题，及时提出并确定解决对策与方案，以便下一步的 LEED 工作的实施。

2. LEED 的现场实施与文件管理

（1）LEED 的现场实施

结合公司已实施的 LEED 认证项目的相关经验，无论是采用 LEED-NC 体系还是 LEED-CS 体系，在现场与施工密切相关的得分点相对比较固定，见表 4-5。

表 4-6 是在施工活动中经常会遇到的主要项目，但需要注意的是：在具体的一个工程中，并不是表中所列项目都必须要满足，也并不是需要施工方满足的项目都一定在表中列出。在具体工程的实施过程中，不同工程应根据业主及 LEED 顾问不同的要求，来进行 LEED 工作的策划和实施。

LEED 体系得分点   表 4-5

序号	项目		描述
1	选择可持续发展的 建筑场地(SS)	SS P1	建设活动污染防治
2	节水(WE)	—	—
3	能源和大气环境 (EA)	EA P1	建筑能源系统基本调试运行
		EA C3	增强调试运行
4	材料和资源 (MR)	MR C2	施工废物管理
		MR C3	材料再利用
		MR C4	可循环利用物质管理
		MR C5	地方材料
		MR C7	经认证木材
5	室内环境质量 (EQ)	IEQ 3.1	建筑室内空气质量管理-施工中
		IEQ 3.2	建筑室内空气质量管理-入住前
		IEQ 4.1、4.2、4.4	低挥发材料管理计划
		IEQ C5	室内化学品及污染源控制

（2）LEED 文件管理

LEED 绿色建筑认证除了需要在过程实施外，还需要根据收集的认证证明文件进行总结提交，此为绿色建筑评定中重要的一步程序，也是施工阶段对 LEED 认证工作策划及实施的总结，因此根据 LEED 提出的目标需要按期提交相关的证明文件，主要内容见表 4-6。

LEED 体系证明文件表   表 4-6

序号	描述		所需资料
1	选择可持续发展的 建筑场地(SS)	建设活动污染防治	1)侵蚀和沉淀控制计划; 2)侵蚀及沉淀处理措施; 3)与措施计划有关的绘图; 4)带有日期的记录照片; 5)检查记录或报告
2	节水(WE)	—	—
3	能源和大气环境 (EA)	建筑能源系统基本调试运行	调试记录和报告、照片
		增强调试运行	调试记录和报告,照片
4	材料和资源 (MR)	施工废物管理	1)建筑废物管理计划; 2)记录每种或每类的建筑废料; 3)记录再利用的废物数量和弃置于堆填区的废物数量
		材料再利用	材料产地、再利用材料的重量占所需材料的百分比
		可循环利用物质管理	可循环利用物质占材料用量的百分比检测报告
		地方材料	1)采购清单的产品生产、提取或收获区域; 2)制造商名称,产品成本,工程与制造商之间的距离,与项目和提取现场的距离
		经认证木材	木材的品牌、制造商

续表

序号	描述		所需资料
5	室内环境质量 （EQ）	建筑室内空气质量 管理-施工中	1）室内空气质量管理计划； 2）照片文件证明室内空气质量管理的计划实施情况
		建筑室内空气质量 管理-入住前	1）室内空气质量管理计划； 2）照片文件证明室内空气质量管理计划的实施情况
		低挥发材料管理计划	列出低释放物料产品、名称、具体 VOC 数据以及相应的允许挥发性的有机化合物的参考标准
		室内化学品及污染源控制	检验报告、污染源管理的照片

表 4-6 的材料将作为 LEED 绿色建筑认证中重要的证明文件，成为评估得分的重要支撑材料，由专人进行整理汇总，通过施工与资料相匹配总结的方式，确保资料达到认证授权的要求。

以上资料由各个部门负责对接相应工作职责内的责任人提供，包括资料的证明文件。责任部门按月将资料提交给 LEED 协调员，由 LEED 协调员整理好资料提交给 LEED 顾问，各责任部门提供的资料见表 4-7。

LEED 资料提交责任划分表 表 4-7

资料及证明文件	责任提交部门
计划、方案、平面布置、必要图示、相片	技术部
建筑废弃物等分类情况	技术部、物资部、工长
回收再利用的废弃物及弃置于堆填区废物的量	物资部
钢筋、混凝土中再生材料的含量及证明文件	物资部
原材料的采集地点包括钢筋及幕墙等	物资部、幕墙分包
室内空气质量的监测	机电分包、工长
胶粘剂、密封剂、地毯及涂层等相关资料	物资部、其他分包

（3）机电安装工程在施工过程中的 LEED 实施

机电安装工程在施工过程中服从并配合总包及业主的 LEED 管理，结合总包编制的 LEED 实施策划、方案和 LEED 要求，编制相应的实施方案。同时，还要实施《土壤侵蚀与沉降控制计划》、《施工废弃物管理计划》、《室内空气质量管理方案》。

1）施工期间空气质量保证与实施方案

① 工程开工前空气质量初检

全面施工前，进行氡的检测、大气污染物的检测、空气悬浮物的检测等，掌握工程所在地空气质量的基本情况，便于采取预防措施和明确各方责任。

② 施工阶段的保护和控制措施

进场时，由向各施工班组进行环境保护交底（书面及口头），各施工班组进入施工阶段时制定相关的环境污染控制计划。

a. HVAC

Heating Ventilation and Air Conditioning，供热通风与空调。暖通方面采取如下措施：在空调系统密集施工期间，要求对所有通风、空调设施均采取封闭措施。

对每节风管随着施工进展及时用湿布将风管内擦拭干净，将施工完毕的风管管口用塑料布封闭，并用塑料绳绑扎牢固。风管施工完毕，分包商向监理申报，对风管严密度进行100％的漏光试验检查，达到无漏光现象发生。对进回风口也采取同样用塑料布包裹封闭方法防止灰尘进入风道内部，空调机组组装后关闭 HVAC 系统的回风侧（即出于负压的管道），并将回风侧与周围环境隔离开来，对新风进风口用塑料布包扎严密，使灰尘不能进入空调机组内部。对所有用于吊顶风机盘管静压箱的吊顶板应安装到位，风道和空气调节装置的泄漏应及时修补，风机盘管的送、回风口在施工后进行包裹，防止灰尘进入风道内。

工程施工期间严禁利用正式工程的设备进行通风和空气调节。在施工接近竣工综合调试阶段完成后，应将使用的过滤器在竣工后和入住前用新的过滤媒介替换，新的过滤媒介的最小效率报告值 MERV 至少应为13。

为了确保过滤器的安全可靠，在设计图纸阶段，要考虑自动检测过滤器效率的压差式检测装置，并根据其检测的数值对过滤器进行清洗和维护。除了保护 HVAC 系统外，在HVAC 系统出现主要负荷时，要对运行的 HVAC 系统过滤器的效率进行自动跟踪测定。

b. 清洁管理

针对 HVAC 系统和大楼内部空间，在施工和清扫期间，施工方将按照 LEED 认证要求制定清洁方案，在入住前清理所有的污染物，保护建筑材料不受影响。

方法包括：

及时将施工废料清出室内。

地面要经常进行清扫，以防止灰尘堆积；及时清除室内的积水，尽可能维持工作区干燥；避免将多孔介质暴露在潮湿的环境中；维持设备房干净，不得将材料堆放在设备房内。

在空调、通风系统进行试运行前对风管进行吹扫，将风管内的灰尘吹净，所有的风机盘管、空气调节器、风机在试运行前，均应吹净内部的灰尘，使新风达到国家有关室内空气品质标准的要求，并通过国家有关检测部门的检测；对室内的墙、地、顶的灰尘进行彻底的吸尘，确保室内空气达到空气品质的要求。

进度安排编制合理的进度计划，合理安排工程进度，不颠倒工序，尽量避免材料吸收VOC，成为污染源。对于有异味的材料，如油漆和涂层，使用无污染的环保型产品，非环保产品不得在工程中应用。对于油漆等一类材料，将进行审核分析，达到要求指标后才使用。完工后，对室内空气品质进行检测。

2）设备调试

① 为了确保顺利完成各系统调试工作，项目部、设备供货商应积极配合做好各设备单机调试工作。在确保安装工作量全面完成的同时，对每一设备做到通水、通电，并按系统功能要求做好各系统负荷调试各项准备工作，确保各系统负荷调试顺利进行。

② 调试人员的准备：根据 LEED 要求须聘请一位第三方的 LEED 调试专家，被聘请的专家必须具有至少两个项目调试管理的经验并提供书面的证明，此调试专家必须独立于

设计和施工，不能是设计公司的员工，但可以与设计公司有合同关系，不能是施工单位的员工，也不能与承包商或施工单位有合同关系，可以是业主的雇员或顾问。根据调试的结果，任何发现和建议直接向业主汇报，各机电系统调试的配合人员必须具有丰富的调试经验，对各系统的工艺流程、控制原理非常熟悉，有较强的解决调试过程中出现问题和排除故障的能力，并由各系统主管施工员带队负责。

③ 清扫准备：在系统调试前应对泵、柜、箱、洁具、空调器、风机、照明器具等机电设备，进行清扫和完整性检查，现场的环境也要保持清洁。

④ 资料准备：调试资料包括整套的系统图、控制原理图、相关的平面图和由设计院提供的调试数据。

⑤ 调试用仪器、仪表、设备的准备。

⑥ 制定调试进度计划：由项目经理召集各专业人员，编制综合调试计划，在各专业协同调试时，应组织一个综合小组，并指定一名组长，负责某一综合项目的调试工作。

⑦ 系统调试方案编写：各专业施工技术人员必须熟悉设计要求、工艺流程、压力、输送介质和温度等技术参数。根据各系统的负荷调试施工顺序、进度和施工方法，编制出相应完善的调试方案，来指导调试全过程。

⑧ 在调试前须确定排水系统管路完善，地下室、设备机房内压力排水系统处于正常工作状态。

⑨ 泵类的负荷联动试车顺序

验明该泵控制箱、柜没有受电→箱内外清扫→检查电器，线路是否正常，紧固螺栓是否松动→查出电动机额定电流，把热继电器动作电流整定在 1.25～1.3 倍额定电流→控制箱、柜受电→确认电压正常，信号灯指示准确→待命→待设备专业和水电专业人员确认可以开泵时→选择开关置"手动"→点动开泵→确认转向是否正确，电动机及泵无异常情况后再次开泵，2min 后测量工作电流，三相电源应平衡，与额定电流值不超过 5%～10%约 20min 后，无异常→停泵→选择开关置"自动"。

⑩ 具体任务

a. 确认业主的要求。

b. 确认设计基础。

c. 提交调试计划。

d. 完成调试技术规格书。

e. 确认所安装系统已被调试并且达到设计性能。

f. 完成调试报告。

g. 编写系统手册，供未来的运行人员参考。

h. 调试报告：在完成安装检查和性能测试项目后，施工方将会调试相关项目，结果以各种调试表格汇总提交相关单位，并整理成总结性调试报告。总结性调试报告包括以下内容：对调试过程和成果的总结；系统性性能测试结构报告和评价；对发现的系统偏差及解决的记录；对运行和维护文件及培训的总计报告。

3. LEED 施工在成都来福士广场的应用

成都来福士广场位于成都市一环路与人民南路交界处，总建筑面积 311846m²，工程由 5 座塔楼、裙楼及 4 层地下室组成。工程造型新颖独特，建筑呈不规则倾斜状，外立面采用浅色清水混凝土。并在建筑中大量采用了地源热泵、中水循环、绿植屋面等设计，要求取得美国绿色建筑 LEED 认证金奖并满足 ISO 14000 环境体系认证，是一座真正意义上的绿色建筑。

（1）可持续的场地规划（必备项 SS）

1）在场地四周设置围墙，将施工现场与周边环境进行隔离，减小施工现场对周边环境造成影响。条件允许的情况下，在施工现场与周边区域留设绿化带（图 4-60），将施工现场对外部环境造成的影响降至最低。

2）场地内临时路面、临时道路全部进行硬化处理，减少扬尘。裸露土体进行覆盖（图 4-61）。

图 4-60　在场地四周设置围墙、绿化隔离带

图 4-61　裸露土体进行覆盖

3）场地出入口均设置冲洗槽，所有出入场地车辆要求清洗（图 4-62），除去附着于车身及轮胎上的尘土或其他污染物，以防污染周边环境。冲洗车辆用水就近排放至沉淀池；冲洗槽、沉淀池内累计的污染物必须定期清理。

4）在场地出入口处设置沉淀池（图 4-63），用于沉淀因暴雨径流所带走的土体，水体经沉淀作用后，再排入市政污水管网。

图 4-62　场地出入口车辆清洗

图 4-63　场地出入口设置沉淀池

5）施工现场设置临时排水管（沟），并将排水沟的流向指向场区临时沉淀池（图4-64），将排水沟中因暴雨径流所带走的土体排至临时沉淀池。

6）场地内尽量保持原有植被不受破坏。结合现场场地内存在三颗国家一级重点保护植物银杏树的实际情况，项目对其进行了编号进行保护。在古树周围砌筑一圈砖池，用以防施工废液浸入树根土壤，造成土壤板结，影响树木生长。在砖池内临时播种，种植一些生命力强的植物，并定期养护，从而有效控制土壤侵蚀，对古树起到了良好的保护作用（图4-65）。

图4-64　临时沉淀池

图4-65　场地内植被保护

7）在施工过程中选用商品混凝土、干混砂浆，避免在现场拌制混凝土和砂浆，减少现场拌制材料时产生的扬尘。现场使用的水泥和其他易飞扬的细颗粒散体材料尽量安排库内存放，露天存放和运输时将严密遮盖，防止颗粒遗撒，以减少扬尘（图4-66）。

8）在场地内路面、车辆通道等车辆、行人通行密集的区域每天安排专人进行洒水降尘（图4-67）。

图4-66　易飞扬材料覆盖

图4-67　洒水降尘

（2）保护和节约水资源（WE）

1）结合项目所在成都地区地下水丰富且项目基坑水为裂隙水的特点，在基坑周围设置明排水沟及沉淀池，将基坑明排水汇集至沉淀池内抽出。采购循环水利用设备，抽取沉淀池中经沉淀的基坑降水、雨水等水源作为现场厕所、场地冲洗等用水水源（图4-68）。并在经氯离子检测合格后，用于混凝土养护。

2）在本项目中，各塔楼施工时的冲洗用水、混凝土输送泵冲洗用水如不进行有组织排放，不仅对水源造成浪费，还存在对已成型清水混凝土造成污染的风险。因此在施工过程中，在各塔楼选取合适楼层，设置沉淀池，塔楼楼面施工的冲洗用水、混凝土输送泵冲洗用水经有组织排水后收集至沉淀池内进行沉淀，沉淀后的水源用于楼层清理时洒水降尘。

3）施工现场场地硬化时适当找坡，硬化场地周边设置排水沟，排水沟指向一个沉淀池，用以收集雨水及场地冲洗用水（图4-69）。收集到的水源可再次用于冲洗场地。

图4-68　循环水利用

图4-69　场地硬化后雨水、冲洗用水收集

（3）高效的能源利用和可更新能源的利用（EA）

与现场工作较为密切的是能源系统的基本调试运行，其目的是查证配置在建筑中相关系统的能源情况，根据业主对工程的要求、设计基准和工程文件，核准系统效能。调试运行必须由独立的第三方调试运行机构来完成，以及制定和实施运行调试方案并形成运行调试报告。在施工中需做好配合工作。

（4）材料和资源问题（MR）

1）施工废弃物回用（MRC2.1）

本项目施工废弃物回用量要求达到施工废弃物总量的75%（按重量计算）。项目根据现场实际情况，对废弃物占有量较大的钢筋、模板以及施工残渣进行了归类，废弃物集中、分类收集。钢筋废料部分用于现场马凳、其余部分由供应商或铸件厂回收利用。模板周转达到使用次数后部分用于现场指示牌、临时分隔、边角保护等，多余部分由家具厂回收，经粉碎、压制后制作家具。施工残渣部分用于场地临时道路的平整，易分离的混凝土残渣、砌体残渣等用于肥槽回填。现场在钢筋加工场地专门设置钢筋回收池，其余废料集中管理，对可回收利用的废弃物进行循环利用。项目部建立废弃物日常处置表，每月进行跟踪汇总，如图4-70所示。

2）循环材含量（MRC4.1）

循环材是指工程所采用的材料中所含的再生材含量，由用后材料和用前材料两部分组

废弃物名称 Diverted/Recycled Material Description	处置/回收方式及地点 Diversion/Recycling Hauler or Location	处置/回收数量 Quantity of Diverted/ Recycled Waste	单位 Units
废弃钢筋 Scraped Steel	四川省运城物资贸易有限公司	44.3	吨
模板边角料 Form Scraps	现场回收利用	1.0	吨
（请根据情况填写）			
施工废弃物回收/处置总量（b） Total Construction Waste Diverted		45.3吨(Tons)	
施工废弃物总量（a） Total Construction Waste		46.5吨(Tons)	
回收/处置百分比（b/a×100%） Percentage of Construction Waste Diverted/Recycled		97.4%	

施工废弃物回收统计表（每月更新）
Update Date（更新日期）:2009年11月25日

(a) 垃圾分类池　　　　　　　　　　(b) 施工废弃物回收统计表

图 4-70　废弃物处置

成。用后材料为由家庭、商业、工业、机构设施中产生的，由终端用户产生的废物，因其功能不可能再使用；用前材料为生产加工过程的废物流中转化出的材料，但不是用于生产的再加工、再装饰材料或下脚料，也不是生产过程中再生的材料。

常用的循环材有：混凝土、砌体（含有粉煤灰）、废钢废铁、架空地板、天花板、玻璃等都可能含有回收材料，这些比例需要按照循环材料在现场使用的情况进行统计，现场使用的钢筋可以按照 LEED 实施默认值，即使用量的 25% 进行计算，如供应商/生产厂家提供的证明材料高于这一默认值，可以采用证明材料当中的数据。

本项目要求循环材含量达到材料总价值的 10%，项目部对承包范围内的工作内容进行分析，列出可能使用的含循环材材料类型。在物资采购招标过程中即将相应要求列入招标文件，以此来选择材料供应厂家，并要求厂家在投标过程中同步提供产品所含循环材料的证明材料。在材料采购过程做好相关记录，对物资部门及专业分包提供的循环材数据进行定期汇总，按月更新记录（图 4-71）。

3）地方材（MRC5.1）

在 LEED 实施要求中，所谓地方材是指来源、采集、再生和生产于工程距离 500 英里以内（约 800km，中国绿色建筑评价体系要求为 500km）的建筑材料和产品。其目的是为提高地方化资源的利用，降低因运输产生的环境影响。与循环材统计相似，在进行统计时只能包括安装在工程中永久使用的材料，机械、电气和卫生组件和气象电梯等特殊的部件不能含在计算中。

在地方材统计中，本项目要求用量达到材料总价值的 20%，项目处于成都地区，周边各种资源丰富，在对工程使用的大宗材料进行归类了解后，发现这些材料在距离项目800km 范围内均有丰富的储备，且有多个厂家具备相当的生产实力，如生产钢材的就有四川德胜钢铁有限公司、四川达州钢铁集团有限责任公司、攀枝花集团有限公司等，可以充分保证地方材料的供应，并为项目提供充分的选择空间。项目在钢材、混凝土、砌体等大宗材料的采购上，均选取符合要求的厂家，提高地方化资源的利用，减少运输对资源的消耗，并降低因运输产生的环境影响，取得良好经济效益。

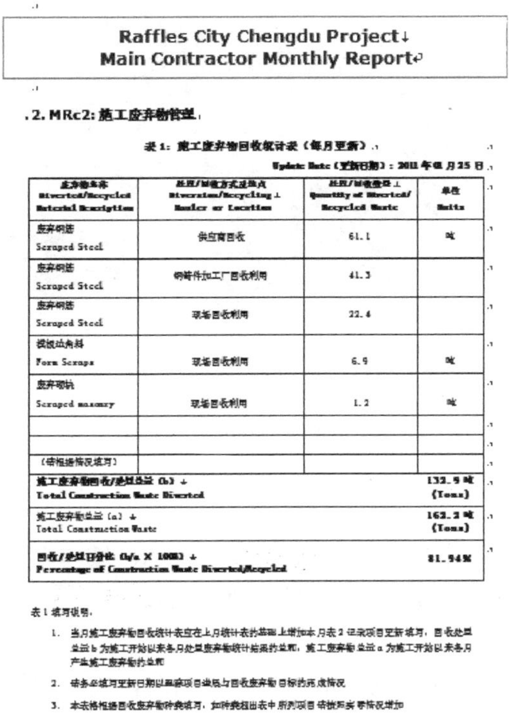

(a) 施工废弃物管理   (b) 含可循环再生材料成分表

图 4-71 循环材数据汇总

（5）室内空气质量（IEQ）

1）建设 IEQ 管理计划（IEQC3.1）

项目根据工程要求，综合考虑各种室内空气质量管理措施的优缺点及适用范围，并从中选取了较为经济有效的方法，主要包括：保护 HVAC 系统、控制污染源、隔断污染物扩散通道、加强场地管理、合理安排工作时间。

2）保护 HVAC 系统

保护所有的 HVAC 设备，用塑料密封所有 HVAC 管道和设备开口部位，防止积聚灰尘和气味（图 4-72）。保护 HVAC 系统的设备间，不在设备间内存放施工所需的设备和废弃材料。此外，项目还组织人力，结合现场施工的经验对 HVAC 系统的设计进行了评估，以便确定气味和灰尘（包括现场释放的和分段运输工作区域等产生的气味和灰尘）对HVAC 系统的影响情况。

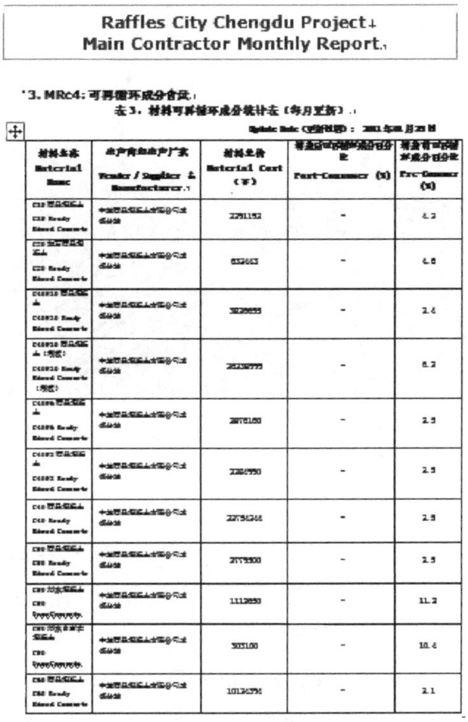

3）控制污染源

针对现场施工工期较紧、点多面广、材料用量大、放置地点分散的情况，项目通过密封或覆盖降低蒸发产生的 VOC。现场使用的所有容器都采取闭式容器，内装溶液的容器保证除取用过程外全程保持密封，对于会散发气味或灰尘的废弃材料采用覆盖处理（图 4-73）。对在施工过程中产生 VOC 或粉尘较多的区域，布置排风扇或降尘措施将污染物稀释或沉淀，用一段弯管将排风扇和工作区相连，进行空气对流处理，排风口远离建筑的新风入口和人员入口。

图 4-72　HVAC 管道和设备开口部位采用塑料密封

图 4-73　污染源覆盖

4）隔断污染源的扩散通道

结合项目施工面积广、交叉施工多的情况，采取对施工存在污染较大的区域与人员通行区域以及其他施工区域进行隔离的措施，以隔断污染源的扩散（图 4-74）。

5）加强场地管理

① 施工现场派专职人员进行定时清扫，以保证现场的清洁。在清扫时，预先在地面上洒水，并且每次打扫完现场后用袋子装好垃圾并及时处理（图 4-75）。

② 尽量避免过多使用含有溶剂的产品，防止溶剂溢出。在人员活动区附近注意选择污渍去除剂和清洁剂的种类，一般应使用气味散发较少的产品，否则应保证数小时的足量通风。

图 4-74　污染源与通道隔断

图 4-75　施工现场清扫

6）合理安排时间

合理安排时间，将施工活动与建筑人员的活动分离。对于将产生污染物的施工作业安排在晚上完成。并在完成后进行连续通风，待检测合格后，施工人员方可进驻，进入一下道工序施工。施工完成后，彻底清除施工气味和灰尘，保证不造成施工当中的交叉污染。

7）胶粘剂和密封剂要求（EQC4.1）

粘结材料、密封材料和底胶要符合相关条例的规定。

8）涂料和涂层要求（EQC4.2）

用于建筑内部的涂料和涂层（指防风雨系统中和现场使用的）要求达到的标准。

胶粘剂和密封剂要求、涂料和涂层要求均为存在具体量化要求的得分项，为达到指定目标，项目在招标采购过程中将其要求纳入招标文件，作为材料选择的必备条件。在选择供应厂家时要求其必须提供相关的证明文件以验证该产品符合低排放材料要求的相关标准，否则不予纳入招标范围。保证最终用于现场的材料满足附件中限制要求，达到LEED评分目标。

（6）创新与设计（ID）

在LEED的评价标准中，针对各项目的具体情况专门设置了创新与设计这一得分项，对于事实超出LEED性能得分要求的项目可以给予额外的分数。如参与LEED认证实施人员有LEED-AP资格可获得1分；施工废弃物回用量达到95%可获得1分的附加分；地方材用量达到40%可获得1分附加分；项目地方材用量超过了40%可获得1分等。各项目施工时可根据自身项目的情况向业主及顾问公司提出相应的建议，通过创新分数的获得，替换难以达到的分数，降低项目LEED实施难度，或为业主节约成本。投标过程中也可以将此作为对于业主的建议项列入其中。

参考文献

［1］ 冯乃谦，（日）笠井芳夫，顾晴霞. 清水混凝土 ［M］. 北京：机械工业出版社，2011.

［2］ 顾勇新. 清水混凝土工程施工技术及工艺（策划、质量要求、施工技术、实例）［M］. 北京：中国建筑工业出版社，2006.

［3］ 中国建筑工程总公司. 清水混凝土施工工艺标准 ［M］. 北京：中国建筑工业出版社，2005.

［4］ 张希黔，张利. 虚拟仿真技术在建筑工程施工中的应用现状和展望 ［J］. 施工技术，2001（8）：31-32.

［5］ 孙娅. 结合仿真模拟技术看建筑节能 ［J］. 上海节能，2010（5）：28-31.